安川工业机器人应用工程师精通系列

# 工业机器人操作、编程及调试维护培训教程

饶显军　编　著

U0240824

机械工业出版社

本书以日本安川（YASKAWA）机器人为讲解对象，全面系统地介绍了工业机器人的基本结构和工作原理、操作方法及示教编程、机器人坐标系、输入输出、常用编程指令、报警的解除等内容。为帮助读者理解，本书配有光盘，含书中部分操作的视频。同时赠送PPT课件，请联系QQ296447532获取。

本书既可以作为高职院校自动化专业教材和技能培训的培训教材、自学读本，也可供自动化相关专业的工程技术人员作为学习参考资料。

**图书在版编目（CIP）数据**

工业机器人操作、编程及调试维护培训教程/饶显军编著.
—北京：机械工业出版社，2016.9（2022.1重印）
ISBN 978-7-111-54733-4

Ⅰ．①工⋯ Ⅱ．①饶⋯ Ⅲ．①工业机器人—教材 Ⅳ．①TP242.2

中国版本图书馆CIP数据核字（2016）第209143号

机械工业出版社（北京市百万庄大街22号 邮政编码100037）

策划编辑：周国萍 责任编辑：周国萍

责任校对：刘怡丹 责任印制：单爱军

封面设计：路恩中

北京虎彩文化传播有限公司印刷

2022年1月第1版第7次印刷

184mm×260mm · 9.25印张 · 188千字

8 401—9 400册

标准书号：ISBN 978-7-111-54733-4
　　　　　ISBN 978-7-89386-076-8（光盘）

定价：49.00元（含1DVD）

电话服务　　　　　　　　　　网络服务

客服电话：010-88361066　　机 工 官 网：www.cmpbook.com

　　　　　010-88379833　　机 工 官 博：weibo.com/cmp1952

　　　　　010-68326294　　金 书 网：www.golden-book.com

**封底无防伪标均为盗版**　　机工教育服务网：www.cmpedu.com

# 前　言

随着劳动力成本的提高，劳动密集型企业的竞争力降低，以机器人自动化为主导的制造模式变革在中华大地上展开，机器人的应用进入上升阶段。据统计，2017 年我国工业机器人市场销量将达到 10 万台，工业机器人保有量超过 40 万台。

工业机器人应用能力是当前制造业人才不可缺少的基本素质。目前，工业机器人技术飞速发展，其应用已涉及各个领域，掌握工业机器人应用技术是机械及控制类专业人才的基本要求。然而，目前工业机器人技术及其应用的教材大多内容比较零散，系统的较少，特别不适合初学者学习。因此，为方便初学者更好地系统掌握工业机器人相关应用技术，特编写了本书。

本书编著者是长期从事工业机器人应用实践及工业机器人技能教育的一线工程师，有较为丰富的教学和实践经验，特别重视基本概念、基本方法和基本技能的掌握。书中内容简明扼要、深入浅出、重点突出，并且配有大量的图示便于实践教学指导。同时为方便读者直观理解，配书光盘含有书中部分操作的视频。全书共分 10 章，第 1 章主要介绍了工业机器人的分类和组成，以及安川机器人常用型号；第 2 章介绍了在使用工业机器人的过程中该怎么保障人身和设备安全；第 3 章介绍了工业机器人示教编程器的使用；第 4 章介绍了工业机器人的坐标系与操作；第 5 章介绍了工业机器人的相关设定，如工业机器人工具坐标系设定、用户坐标系设定等；第 6 章介绍了工业机器人示教编程具体操作方法、流程以及程序自动运行方式与步骤；第 7 章介绍了平行移动、平等移动程序转换、镜像转换、多界面、报警与解除等进阶功能；第 8 章介绍了输入/输出的查看及其仿真；第 9 章介绍了工业机器人通用搬运与焊接案例；第 10 章介绍了安川机器人编程指令表。

本书既可以作为高职院校自动化专业工业机器人教材和技能培训的培训教材、自学读本，也可供自动化相关专业的工程技术人员作为学习参考资料。

全书由饶显军编著。因时间仓促，书中错误之处，恳请读者提出宝贵意见和建议。

编著者

# 目　　录

# 概述

## 1.1 国内外工业机器人发展现状

### 1. 国内现状

同全球主要机器人大国相比,中国工业机器人起步较晚,而真正大规模进入商用仅是在近几年。经过"七五"起步,"八五"和"九五"攻关,中国工业机器人从无到有、从小到大,发展迅速,已生产出部分机器人关键元器件,开发出弧焊、点焊、码垛、装配、搬运、注塑、冲压、喷漆等工业机器人。一批国产工业机器人已服务于国内诸多企业的生产线上,一批机器人技术的研究人才也涌现出来。一些相关科研机构和企业已掌握了工业机器人操作机的优化设计制造技术,工业机器人控制驱动系统的硬件设计技术,机器人软件的设计和编程技术,运动学和轨迹规划技术,弧焊、点焊及大型机器人自动生产线(工作站)与周边配套设备的开发和制备技术等。某些关键技术已达到或接近了国际先进水平,中国工业机器人在世界工业机器人领域已占有一席之地。

但总体说来,我国仍是一个工业机器人设备的消费市场,行业处于发展壮大中。现在,我国从事工业机器人研发的单位有上百家,专业从事工业机器人产业开发的企业有数十家。一些科研院所和大学也均在进行工业机器人技术及应用项目方面的研发工作。

今年是中国工业机器人产业发展的一个关键转折点,市场需求呈井喷式发展,需求量以每年近 25%的比例增长。应用领域不断扩大,特殊行业、大负载、高精度、窄空间和野外作业机器人需求越来越多。据统计数据显示,到 2017 年中国市场工业机器人销量将达到 10 万台,工业机器人保有量将超过 40 万台。

### 2. 国外现状

美国是机器人的诞生地。早在 1962 年就研制出世界上第一台工业机器人。美国是世界机器人强国之一,基础雄厚,技术先进。

起步晚于美国五六年的日本工业机器人,在经历了 20 世纪 60 年代的摇篮期、70 年代的实用期后,80 年代跨入普及提高并广泛应用期。经过短短的二十几年时间,日本工业机器人产业已迅速发展起来，一跃成为"工业机器人王国"。日本在工业机器人的生产、出口和使用方面都居世界榜首。日本工业机器人的装机量约占世界工业机器人装机量的60%。

日本的工业机器人保有量一直远远超过其他国家，尤其在1985—1995年期间非常迅速地增长；相比之下，虽然欧美各国的工业机器人保有台数也一直保持上升趋势，但只是在近年来才有了较大的增长；而除日本外的其他亚洲国家的工业机器人保有量，是在近年来才有了非常大的增长。

德国工业机器人的总数占世界第三位，仅次于日本和美国。德国智能机器人的研究和应用在世界上处于领先地位。

# 1.2 工业机器人的分类

工业机器人的分类，目前还没有制定统一的标准。可按工业机器人的本体结构、执行机构运动的控制机能、程序输入方式、自由度、驱动方式、应用领域等进行划分。

## 1. 按本体结构分类

工业机器人按本体结构分为直角坐标型、圆柱坐标型、球坐标型和关节型。直角坐标型工业机器人如图1-1所示。

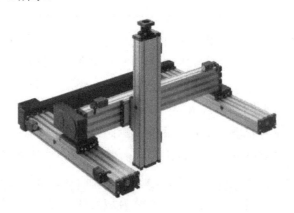

图1-1 直角坐标型工业机器人

## 2. 按执行机构运动的控制机能分类

工业机器人按执行机构运动的控制机能分为点位型和连续轨迹型。

1）点位型：只控制执行机构由一点到另一点的准确定位，适用于机床上下料、点焊和一般搬运、装卸等作业。

2）连续轨迹型：可控制执行机构按给定轨迹运动，适用于连续焊接和涂装等作业。

## 3. 按程序输入方式分类

工业机器人按程序输入方式分为编程输入型和示教输入型。

1）编程输入型：将计算机上已编好的作业程序文件，通过RS232串口或者以太网等通信方式传送到机器人控制柜。

2）示教输入型：示教方法有两种，一种是由操作者用手动控制器（示教操纵盒）将指令信号传给驱动系统，使执行机构按要求的动作顺序和运动轨迹操演一遍；另一种是由操作者直接拖动执行机构，按要求的动作顺序和运动轨迹操演一遍。

### 4．按自由度分类

工业机器人按自由度分为4轴、5轴、6轴、7轴等。图1-2为安川4轴工业机器人与7轴工业机器人。

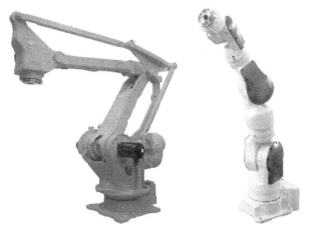

图1-2　安川4轴工业机器人与7轴工业机器人

### 5．按驱动方式分类

工业机器人按驱动方式分为液压式、气压式和电动式。

### 6．按应用领域分类

工业机器人按应用领域分为焊接、搬运、喷涂、打磨等。图1-3为安川工业机器人执行焊接作业。

图1-3　安川工业机器人执行焊接作业

# 1.3 工业机器人的组成

工业机器人由主体、驱动系统和控制系统三个基本部分组成。

主体即机座和执行机构，包括腰部、臂部、腕部和手部等，有的工业机器人还有行走机构。大多数工业机器人有 3～6 个运动自由度，其中腕部通常有 1～3 个运动自由度。

驱动系统包括动力装置和传动机构，用以使执行机构产生相应的动作。

控制系统是按照输入的程序对驱动系统和执行机构发出指令信号，并进行控制。

### 1. 工业机器人本体组成

工业机器人的机械本体机构基本上分为两大类：一类是操作本体机构，它类似人的手臂和手腕，配上各种手爪与末端操作器后可进行各种抓取动作和操作作业，工业机器人主要采用这种结构（图 1-4）。另一类为移动型本体结构，主要目的是实现移动功能，有轮式（图 1-5）、履带式、足腿式结构以及蛇行、蠕动、变形运动等机构。壁面爬行、水下推动等机构也可归于这一类。

图 1-4　操作本体机构

图 1-5　移动型本体结构（轮式）

### 2．驱动伺服单元

机器人本体机械结构的动作是依靠工业机器人的关节驱动的，而大多数工业机器人是基于闭环控制原理进行的。伺服控制器的作用是使驱动伺服单元驱动关节并带动负载向减小偏差的方向动作。已被广泛应用的驱动方式有液压伺服驱动、电动机伺服驱动，近年来气动伺服驱动技术也有一定进展。

### 3．计算机控制系统

各关节伺服驱动的指令值由主计算机计算后，在各采样周期给出。主计算机根据示教点参考坐标的空间位置、方位及速度，通过运动学逆运算把数据转变为关节的指令值。

通常的工业机器人采用主计算机与关节驱动伺服计算机两级计算机控制。有时为了实现智能控制，还需对包括视觉等各种传感器信号进行采集、处理并进行模式识别、问题求解、任务规划、判断决策等，这时空间的示教点将由另一台计算机的上级计算机根据传感信号产生，形成三级计算机系统。

### 4．传感系统

为了使工业机器人正常工作，工业机器人必须与周围环境保持密切联系，除了配备关节伺服驱动系统的位置传感器（称作内部传感器）外，还要配备视觉、力觉、触觉、接近觉等多种类型的传感器（称作外部传感器）以及传感信号的采集处理系统。

### 5．输入/输出系统接口

为了与周边系统及相应操作进行联系与应答，工业机器人还应配有各种通信接口和人机通信装置。工业机器人提供一内部 PLC，它可以与外部设备相连，完成与外部设备间的逻辑与实时控制。一般还有一个以上的串行通信接口，以完成磁盘数据存储、远程控制及离线编程、双机器人协调等工作。

## 1.4  安川机器人简介

1977 年，日本安川电机公司研制出第一台全电动工业机器人，旗下拥有 Motoman 美国、瑞典、德国以及 SyneticsSolutions 美国等子公司。其核心的工业机器人产品包括：点焊和弧焊机器人、油漆和处理机器人、LCD 玻璃板传输机器人和半导体晶片传输机器人等。日本安川电机公司是将工业机器人应用到半导体生产领域最早的厂商之一。

## 1.5 安川机器人常用型号

### 1. MA1400（弧焊机器人）

MA1400 是日本安川电机公司为弧焊研发的专用机器人，如图 1-6 所示，中空轴式设计使得机器人的灵活性大大提高，在弧焊领域更能发挥机器人快速、稳定的优势，特别是针对箱体类零件、狭窄空间作业提供了更优化的解决方案。MA1400 运动范围示意图如图 1-7 所示。MA1400 性能参数见表 1-1。

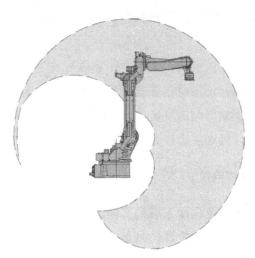

图 1-6　MA1400 弧焊机器人　　　　图 1-7　MA1400 运动范围示意图

表 1-1　MA1400 性能参数

| 轴数 | | 6 |
|---|---|---|
| 负载 | | 3kg |
| 垂直可达范围 | | 2511mm |
| 水平可达范围 | | 0～1434mm |
| 重复精度 | | ±0.08mm |
| 运动范围 | S | -170°～170° |
| | L | -90°～155° |
| | U | -175°～190° |
| | R | -150°～150° |
| | B | -45°～180° |
| | T | -200°～200° |
| 最大速度 | S | 200°/s |
| | L | 200°/s |
| | U | 220°/s |
| | R | 410°/s |
| | B | 410°/s |
| | T | 610°/s |
| 自重 | | 130kg |

### 2. ES165D（点焊机器人）

ES165D 拥有更高的额定负载，更快的响应速度，适用于点焊应用领域，优良的性能使其作业速度快，质量更加稳定，如图1-8所示。ES165D 运动范围示意图如图1-9所示，其性能参数见表1-2。

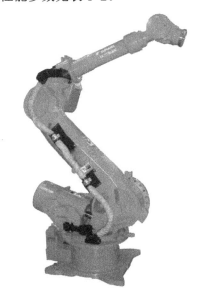

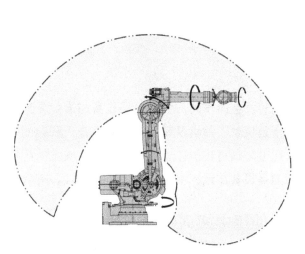

图1-8 ES165D 点焊机器人 　　　　图1-9 ES165D 运动范围示意图

表 1-2 ES165D 性能参数

| 轴数 | | 6 |
|---|---|---|
| 负载 | | 165kg |
| 水平可达范围 | | 0～2651mm |
| 重复精度 | | ±0.2mm |
| 运动范围 | S | −180°～180° |
| | L | −60°～76° |
| | U | −142.5°～230° |
| | R | −360°～360° |
| | B | −130°～130° |
| | T | −360°～360° |
| 最大速度 | S | 110°/s |
| | L | 110°/s |
| | U | 110°/s |
| | R | 175°/s |
| | B | 150°/s |
| | T | 240°/s |
| 自重 | | 1100kg |

# 安全

随着社会的发展，各种机器设备越来越先进，对其安全管理的迫切性也越来越强。设备安全是反映人与机器设备管理系统是否和谐的一个重要指标。确保安全的首要方法是培训，通过培训可让操作者明白安全与不安全的区别之处，并知道违反规定的后果。设备安全指的是设备在运行中的合理性、可靠性、有效性和正常、平稳等各种要素的总和。

## 2.1　使用中如何保障人身安全

1）操作和维护工业机器人的人员必须先经过专业培训才能操作设备。

2）在工业机器人的安装区域内禁止进行任何的危险作业。

3）采取严格的安全预防措施，在工作相关区域及周边应安放，如"易燃""高压""止步"或"闲人免进"等相应警示牌。

4）作业人员必须穿戴下列安全用品后方可上岗操作工业机器人。

① 适合于作业内容的工作服。

② 安全鞋。

③ 安全帽。

5）工业机器人作业人员须遵守下列规定。

① 操作工业机器人禁止戴手套，以防误操作造成人身伤害。

② 内衣裤、衬衫、工作牌和领带等不要从工作服内露出。

③ 禁止佩戴大的首饰，如耳环、戒指或垂饰等。

6）未经许可的人员禁止接近工业机器人和其外围的辅助设备。

7）禁止倚靠在任何的控制柜上（图 2-1）；不要随意地按动操作键；在操作期间，禁止任何非工作人员触动控制柜。

8）为工业机器人安装或更换工具时，必须先切断控制柜及所装工具上的电源并锁住其电源开关（图 2-2），同时挂一个警示牌。注：所装工具重量不允许超过工业机器人的额定负载。

图 2-1 禁止倚靠控制柜及随意按动操作键

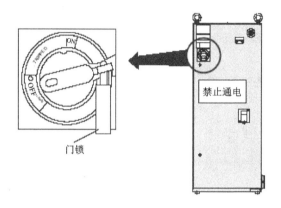

图 2-2 电源开关

9）操作工业机器人时，应在安全栅栏外进行操作。因不得已的情况而需要在安全栅栏内进行时，必须注意下列事项。

① 仔细察看作业区内的情况，确认无潜在危险后方可进入作业区。

② 确保[急停]键有效，且能随时按下[急停]键。

③ 必须低速运行工业机器人及外围设备。

④ 始终保持从工业机器人的前方进行观察。

⑤ 必须按照既定操作流程进行操作。

⑥ 始终具有一个当工业机器人万一发生未预料的动作而进行躲避的想法。

⑦ 确保在紧急的情况下有退路。

10）在操作工业机器人前，应先分别确认每个[急停]键能否生效，紧急情况下如不能停止工业机器人将导致人身伤亡或设备损坏。在按下[急停]键后察看"伺服准备"指示灯能否熄灭，并确认其电源确已关闭。

11）在执行下列操作前，应确认工业机器人动作范围内无任何人员，不慎进入工业机器人的可动范围内，有可能造成人员伤害。

① 接通控制柜的电源时。

② 用示教编程器操作工业机器人时。

③ 程序试运行时。

④ 再现操作时。

12）机器人示教前，要检查下列事项，如有异常立即修理或者采取必要的措施。

① 机器人动作有无异常。

② 机器人连接处及电缆有无破损。

13）示教编程器使用完后必须放回原位置，如图 2-3 所示。

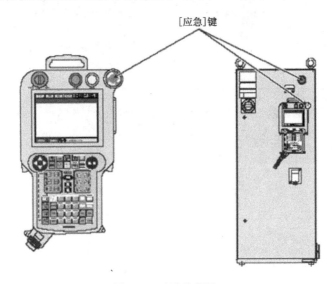

[应急]键

图 2-3　示教编程器

如不慎将示教编程器放在工业机器人、夹具或者地板上，当工业机器人工作时，可能导致示教编程器碰到工业机器人或者工具造成误操作，引起人身伤亡或设备损坏。

14）在示教完成后，必须先按照规定的步骤进行程序检查。此时，作业人员务须在安全栅栏的外边进行操作。

## 2.2　使用中如何保障设备安全

1）应尽可能在断开工业机器人和系统电源的状态下进行作业。当接通电源时，有的作业有触电的危险。此外，应根据需要上好锁，以使其他人员不能接通电源。即使是在由于迫不得已而需要接通电源后再进行作业的情形下，也应尽量按下[急停]键后再进行作业。

2）在更换机械部件时，务须事先阅读维修说明书，在理解操作步骤的基础上再进行作业。若以错误的步骤进行作业，则会导致意想不到的事故，致使工业机器人损坏，或作业人员受伤。

3）在进入安全栅栏内部时，要仔细察看整个系统，确认没有危险后再入内。如果在存在危险的情形下不得不进入栅栏，则必须把握系统的状态，要小心谨慎入内。

4）将要更换的部件，务须使用 STEP 公司指定部件。若使用指定部件以外的部件，则有可能导致工业机器人的错误操作和破损。特别是熔丝，切勿使用指定以外的熔丝，以避免引起火灾。

5）在拆卸电动机和制动器时，应先用起重机等来吊运后再拆除，以避免臂等落下来。

6）进行维修作业时，因迫不得已而需要移动工业机器人时，应注意如下事项。

① 务须确保逃生退路。应在把握整个系统的操作情况后再进行作业，以避免由于工业机器人和外围设备而堵塞退路。

② 时刻注意周围是否存在危险，做好准备，以便在需要的时候可以随时按下[急停]键。

7）在使用电动机和减速机等具有一定重量的部件和单元时，应使用起重机等辅助装置，以避免给作业人员带来过大的作业负担。需要注意的是，如果错误操作，将导致作业人员受重伤。

8）注意不要因为洒落在地面的润滑剂而滑倒。应尽快擦掉洒落在地面上的润滑油，排除可能发生的危险。

9）在进行作业的过程中，不要将脚搭放在工业机器人的某一部分上，也不要爬到工业机器人上面。这样不仅会给工业机器人造成不良影响，而且还有可能因为作业人员踏空而受伤。

10）以下部分会发热，需要注意。在发热的状态下因不得已而非接触设备不可时，应准备好耐热手套等保护用具。

① 伺服电动机。

② 控制柜内部。

11）在更换部件时拆下来的部件（螺栓等），应正确装回其原来的部位。如果发现部件不够或部件有剩余，则应再次确认并正确安装。

12）在进行气动系统的维修时，务须释放供应气压，将管路内的压力降低到 0 以后再进行。

13）在更换完部件后，务须按照规定的方法进行测试运转。此时，作业人员务须在安全栅栏的外边进行操作。

14）维护作业结束后，应将工业机器人周围和安全栅栏内部洒落在地面的油和水、碎片等彻底清扫干净。

15）更换部件时，应注意避免灰尘或尘埃进入工业机器人内部。

16）进行维护作业时，应配备适当的照明器具。但需要注意的是，不要使该照明器具成为导致新的危险的根源。

17）务须进行定期检修（见维修说明书）。如果懈怠定期检修，不仅会影响到工业机器人的使用寿命，而且还可能导致意想不到的事故。

18）工业机器人发生严重撞击事故，必须经由专业技术人员进行排障处理，故障排除后工业机器人须归零处理，方可正常使用工业机器人，否则零点会丢失，可能发生危险。

19）绝不要强制地扳动工业机器人的轴，如图 2-4 所示。

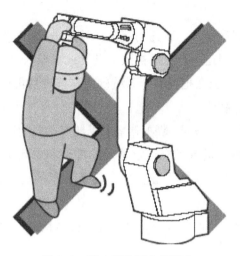

图 2-4　禁止扳动工业机器人

# 示教编程器的使用

工业机器人不仅可以帮助我们完成劳动强度大，工作内容单一、重复以及危害人类健康的工作，还能提高生产率和质量。但工业机器人需要人告诉它应该怎么做，目前我们需要借助工业机器人的示教编程器将作业流程、作业任务告知工业机器人，通过示教编程器可对工业机器人及周边设备进行操作和编程，使其按照实际工作需要完成指定的作业任务。因此，操作工业机器人需要熟练掌握对应的示教编程器的使用方法和注意事项。下面我们将详细讲解示教编程器的使用。

## 3.1 示教编程器外观

符合人体工程学设计的安川机器人示教编程器上设有机器人示教和编程所需的操作键，如图 3-1 所示。

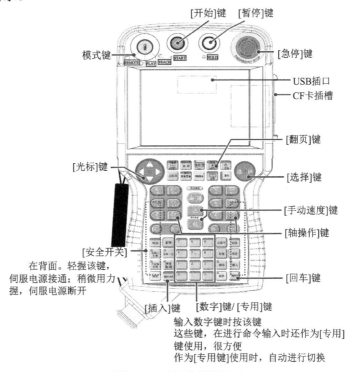

图 3-1 示教编程器外观

## 3.2　键的表示

### 3.2.1　文字键

文字键用[ ]括起来表示。如 回车 用[回车]表示。数字键除了数值输入外还有其他功能。在文字中，数字键只表示正在使用的功能。如 定时器 ，输入数值 1 时，用[1]表示；登录定时器命令时，用[定时器]表示。

### 3.2.2　图形键

图形键不用[ ]括起来，而是直接加在键名后面表示。只有光标键例外，不加图形。图形键如图 3-2 所示。

光标键　　　　　　急停键　　　　　直接打开键　　　　翻页键

图 3-2　图形键

### 3.2.3　轴操作键和数字键

如图 3-3 所示，总体称呼多个键时，分别称作轴操作键、数字键。

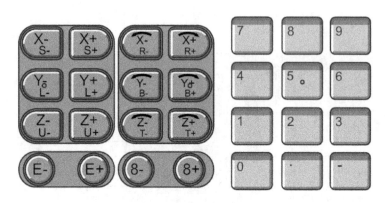

图 3-3　轴操作键和数字键

### 3.2.4　同时按键

同时按两个键，如：[转换]键+[坐标]键，需要在 2 个键中间加"+"号来表示。

## 3.3 示教编程器的键

示教编程器键的详细说明见表 3-1。

表 3-1 示教编程器键的详细说明

| 键 | 说 明 |
|---|---|
| [开始] | 1）按下该键，工业机器人开始再现运动<br>2）再现运动中，该键灯亮。再现运动即使由专用输入的开始信号启动的，[开始]键的灯也亮<br>3）由于报警发生或暂停、模式切换等而停止再现动作时，[开始]键灯灭 |
| [暂停] | 1）按下该键，运动中的工业机器人暂停运动<br>2）该按键响应所有模式<br>3）该键只有在按下期间灯亮。一旦放松按键，灯灭。即使按键灯灭，工业机器人仍然保持暂停状态，直到得到下一个开始指示为止<br>4）[暂停]键在以下情况下自动亮灯，通知系统目前处于暂停状态，并且在灯亮期间，[开始]键及[轴操作]键都无法进行<br>① 来自专用输入的暂停信号处于 ON 时<br>② 远程时，外部设备在要求暂停时<br>③ 各种作业所引起的停止状态时（如弧焊时焊接异常发生等） |
| [急停] | 1）按下该键，伺服电源切断<br>2）切断伺服电源后，示教编程器的伺服 ONLED 灯灭<br>3）显示屏显示急停信息 |
| [模式] | 1）该键若旋转到[PLAY]，则为再现模式，可再现示教后的程序<br>2）再现模式时，不接受外部设备的开始信号 |
| | 1）该键若旋转到[TEACH]，则为示教模式，用示教编程器可进行轴操作或编程作业<br>2）示教模式时不接受外部设备的开始信号 |
| | 1）该键旋转到[REMOTE]，则为远程模式，通过外部输入信号进行的操作有效<br>2）远程模式时，示教编程器的[START]键无效 |
| [安全开关] | 1）按下该键，伺服电源接通<br>2）伺服 ONLED 指示灯闪烁，安全插销位于 ON、[模式]键位于[TEACH]时，轻轻按[安全开关]，可接通伺服电源<br>3）在该状态下，若用力握[安全开关]，伺服电源断开 |
| [选择]<br><br>选 ○ 择 | 1）项目选择键<br>2）在主菜单区域、下拉菜单区域，进行菜单项目的选择<br>3）在通用显示区域，对选择项目进行设定<br>4）在信息区域，显示多条信息 |
| [光标] | 1）按下该键，光标移动<br>2）不同界面显示的光标大小、移动范围和区域是不同的<br>3）在程序界面，光标在"NOP"行时，按[↑]键，光标向程序[END]行移动<br>4）按下[转换]键+[↑]键，向界面上方滚动<br>5）按下[转换]键+[↓]键，向界面下方向滚动<br>6）按下[转换]键+[→]键，向界面右方向滚动<br>7）按下[转换]键+[←]键，向界面左方向滚动 |

（续）

| 键 | 说　明 |
|---|---|
| [主菜单]<br>**主菜单** | 1）显示主菜单<br>2）在主菜单显示状态下，按下该键，主菜单关闭<br>3）按下[主菜单]键+[↑]键，界面亮度进一步增加<br>4）按下[主菜单]键+[↓]键，界面亮度进一步变暗 |
| [简单菜单]<br>登录<br>**简单菜单** | 1）显示简单菜单<br>2）在简单菜单显示状态下，按下该键，简单菜单关闭 |
| [伺服准备]<br>伺服准备 | 1）按下该键，伺服电源接通有效<br>2）当伺服电源由于急停、超程被切断后，使用该键使伺服电源接通有效<br>3）按下该键：<br>① 再现模式、在安全栏关闭的情况下，伺服电源被接通<br>② 示教模式、伺服 ONLED 指示灯闪烁、[安全开关]状态为 ON 时，伺服电源接通<br>③ 伺服电源接通期间，伺服 ONLED 指示灯亮 |
| [帮助]<br>!?<br>帮助 | 1）按下该键，根据当前显示的界面情况，显示帮助操作的菜单<br>2）在该键按下状态下，按[转换]键、[联锁]键，显示帮助引导<br>3）按下[转换]键+[帮助]键，显示与[转换]键同时按下时的功能<br>4）按下[联锁]键+[帮助]键，显示与[联锁]键同时按下时的功能 |
| [清除]<br>清除 | 1）解除当前状态的专用键<br>2）在主菜单区域、下拉菜单区域取消子菜单<br>3）在通用显示区域解除正在输入的数据或输入状态<br>4）在信息区域解除多条显示<br>5）解除发生中的错误 |
| [多画面]<br>多画面<br>选择窗口 | 1）多画面显示键<br>2）在多画面模式下显示时，若按下该键，活动界面顺序进行切换<br>3）按下[转换]键+[多画面]键，多界面模式显示时，多界面显示与单界面显示交互切换 |
| [坐标]<br>工具选择<br>**坐标** | 1）手动操作机器人时，用于动作坐标系选择的键<br>2）可在关节、直角、圆柱、工具和用户5种坐标系中选择<br>该键每按一次，坐标系顺序按照以下方式变化：关节→直角/圆柱→工具→用户<br>3）选择坐标系后，在状态显示区域显示<br>4）按下[转换]键+[坐标]键，若选择"工具"及"用户"，可变更坐标序号 |
| [直接打开]<br>直接打开 | 1）按下该键，显示与当前操作有关的内容<br>2）显示程序内容时，把光标移到命令上，按下该键后，显示与该命令相关的内容<br>① CALL 命令：被调用的程序内容<br>② 作业命令：正使用的条件文件内容<br>③ 输入输出命令：输入输出状态<br>3）直接打开 ON 状态时，[直接打开]键的指示灯亮<br>4）在指示灯亮的期间，若按[直接打开]键，返回原界面 |
| [翻页]<br>返回<br>▶<br>翻页 | 1）该键每按一次，显示下一个界面<br>2）只有在[翻页]键指示灯亮时，才能切换界面<br>3）按下[转换]键+[页面]键，显示切换到前一个界面 |

（续）

| 键 | 说　明 |
|---|---|
| [区域]<br><br>区域 | 1）按下该键时，光标向"菜单显示区"→"通用显示区"→"人机接口显示区"→"主菜单显示区"移动<br><br>2）当没有显示的项目时，光标不能移动<br><br>3）按下[转换]键+[区域]键，在双语功能有效时，可进行语言切换<br><br>4）按下[区域]键+[↓]键，当显示[操作]键时，光标从通用显示区域移动到[操作]键<br><br>5）按下[区域]键+[↑]键，当光标在[操作]键上时，光标移动到通用显示区域 |
| [转换]<br><br>转换 | 1）其他键与该键同时按时，可使用其他功能<br><br>2）可与[转换]键同时按的键有[主菜单]键、[帮助]键、[坐标]键、[区域]键、[插补方式]键、[光标]键、[数字]键，与其他键同时使用时的功能，请参阅各键说明 |
| [联锁]<br><br>联锁 | 1）其他键与该键同时按下时，可实现其他功能的使用<br><br>2）可与[联锁]键同时按的键有[帮助]键、[多画面]键、[试运行]键、[前进]键、[数字]键（数字键专用功能），与其他键同时按下时的功能，请参阅各键说明 |
| [命令一览]<br><br>命令一览 | 在程序编辑中，若按下该键，显示可登录的命令一览 |
| [机器人切换]<br><br>机器人切换 | 1）切换轴操作时的工业机器人轴<br><br>2）按下该键，可进行工业机器人轴的轴操作<br><br>3）该键在 1 台 DX100 控制柜控制多台工业机器人的系统或有外部轴的系统中有效 |
| [外部轴切换]<br><br>外部轴切换 | 1）切换轴操作时的外部轴<br><br>2）按下该键，可进行外部轴（基础轴/工装轴）的轴操作<br><br>3）系统带外部轴时，该键有效 |
| [插补方式]<br><br>插补方式 | 1）指定再现时工业机器人的插补方法<br><br>2）所选择的插补方式类型显示在显示器的输入缓冲行上<br><br>3）该键每按下一次，插补方法按如下顺序变化：MOVJ→MOVL→MOVC→MOVS<br><br>4）同时按下[转换]键+[插补方式]键，插补模式按照如下顺序变化：标准插补模式→外部基准点插补模式*1→传送带插补模式*1<br><br>5）在各种插补模式下，只要按[插补方式]键，如上面标准插补模式那样各种可使用的插补方法可转换<br><br>6）*1 这些模式为选项功能 |
| [试运行]<br><br>试运行 | 1）此键与[联锁]键同时按下时，工业机器人运行，可对示教过的程序点作为连续轨迹进行确认<br><br>2）工业机器人在三种循环方式（连续、单循环、单步）中，按照当前选定的循环方式运行<br><br>3）工业机器人按照示教速度运行。当示教速度超过示教的最高速度时，以示教最高速度运行<br><br>4）同时按下[联锁]键+[试运行]键，工业机器人沿示教点连续运行<br><br>5）在连续运行中，若松开[试运行]键，工业机器人停止运行 |

（续）

| 键 | 说　明 |
|---|---|
| [前进]<br>前进 | 1）只在按住该键期间，机器人按示教程序点的轨迹运行<br>① 只执行移动命令<br>② 机器人按照选定的手动速度运动<br>2）执行操作前，请确认手动速动是否正确<br>3）同时按下[联锁]键+[前进]键，执行移动命令以外的命令<br>4）同时按下[参考点]键+[前进]键，工业机器人向光标行显示的参考点移动 |
| [后退]<br>后退 | 1）只有在按下该键期间，工业机器人沿示教的程序点轨迹逆向运动<br>① 只执行移动命令<br>② 工业机器人按照选定的手动速度运动<br>2）操作前，请确认手动速度是否正确 |
| [删除]<br>删除 | 1）按下该键，删除已登录的命令<br>2）该键指示灯亮时，若按[回车]键，删除完成 |
| [插入]<br>插入 | 1）按下该键，插入新的命令<br>2）该键指示灯亮时，按[回车]键，插入完成 |
| [修改]<br>修改 | 1）按下该键，修改示教的位置数据、命令<br>2）该键指示灯亮时，按[回车]键，修改完成 |
| [回车]<br>回车 | 1）进行命令或数据的登录、工业机器人当前位置的登录及编辑等有关的操作时，该键是最终决定键<br>2）按[回车]键，输入缓冲行显示的命令或数据，被输入显示屏光标所在位置，这样就完成了输入、插入、修改等操作 |
| 手动速度[高]、[低]<br>高<br>手动速度<br>低 | 1）手动速度下，设定工业机器人动作速度的专用键。该键设定的动作速度在前进、后退的运动中仍然有效<br>2）手动速度有 3 个等级（低、中、高）及微动可供选择<br>3）选定的速度在显示屏状态显示区域显示<br>4）每按一次[高]键，按照微动→低→中→高顺序变化；每按一次[低]键，按照高→中→低→微动顺序变化 |
| [高速]<br>高速 | 1）手动操作时，按住[轴操作]键中的某个键、在按下该键期间，工业机器人可快速移动<br>2）不能修改此速度。该键按下时的速度已预先设定 |
| [轴操作] | 1）操作机器人各个轴的专用键<br>2）机器人只在该键按下时运动<br>3）[轴操作]键可同时进行 2 种以上的操作<br>4）工业机器人按照选定的坐标系和手动速度运动。轴操作前，请确认坐标系和手动速度是否正确 |

（续）

| 键 | 说　　明 |
| --- | --- |
| [数字]<br>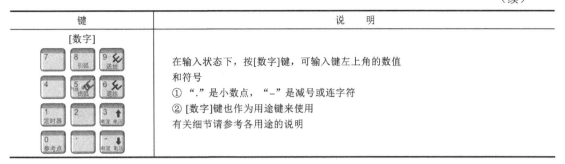 | 在输入状态下，按[数字]键，可输入键左上角的数值<br>和符号<br>① "." 是小数点，"–" 是减号或连字符<br>② [数字]键也作为用途键来使用<br>有关细节请参考各用途的说明 |

## 3.4　示教编程器的界面显示

示教编程器的显示屏是 6.5in⊖的彩色显示屏。可用文字有英文数字、符号、片假名、平假名、汉字。日语输入时，用罗马字母输入，可在假名和汉字间转换。

### 3.4.1　五个显示区

五个显示区包括通用显示区、状态显示区、菜单显示区、人机接口显示区和主菜单显示区。用[区域]键移动或触摸界面可直接进行区域选择，如图 3-4 所示。

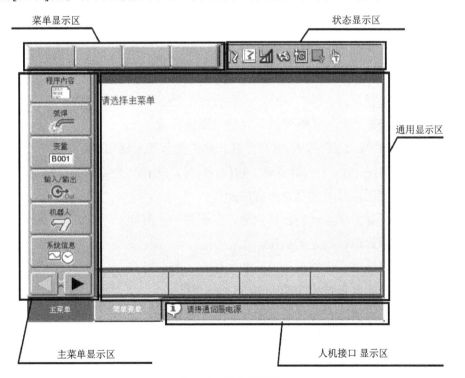

图 3-4　五个显示区

---

⊖ 1in=0.0254m。

操作中，正在显示的界面都附带有名称显示。名称显示在通用显示区的左上角，如图3-5所示。

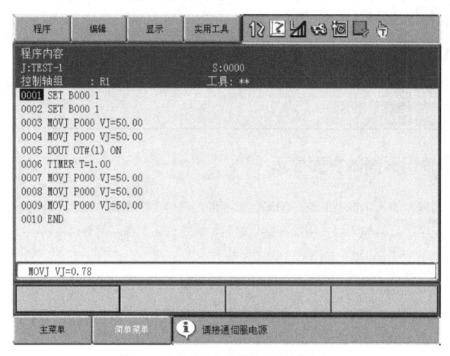

图3-5　名称显示在通用显示区的左上角

## 3.4.2　通用显示区

通用显示区可进行程序、特性文件、各种设定的显示和编辑。根据界面显示操作键⊖。

按[区域]键+[↓]键，光标从通用显示区移动到操作键。

按[区域]键+[↑]键，或按[取消]键，光标从操作键移动到通用显示区。

在操作键内，用[←]键、[→]键移动，按[选择]键，执行有光标的操作键。

**执行**：继续执行通用显示区显示内容的操作。

**取消**：废弃通用显示区显示的操作内容，回到前一个界面。

**结束**：结束通用显示区设定的操作。

**中断**：中断使用外部存储器进行的安装、保存、校验操作。

**解除**：解除超程&碰撞传感功能。

**清除**：报警发生后清除报警（重大故障报警不能清除）。

**页面**：在可切换页面的界面，直接输入页面号码，按[回车]键，可跳转到指定界面，如图3-6所示。

---

⊖ 不同的界面，显示内容不同。

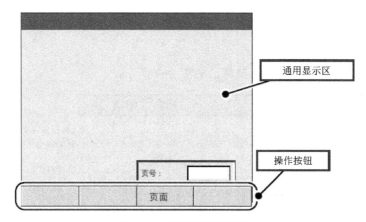

图 3-6　跳转到制定界面

在项目列表选择界面，用上、下光标从列表中选择后，按[选择]键，如图 3-7 所示。

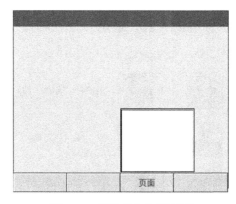

图 3-7　项目列表选择界面

### 3.4.3　主菜单显示区

主菜单显示区显示各菜单及其子菜单。若按【主菜单】或者触摸界面左下方的菜单，就会显示主菜单，如图 3-8 所示。

图 3-8　主菜单显示区

### 3.4.4 状态显示区

状态显示区控制与状态相关的数据，如图 3-9 所示。

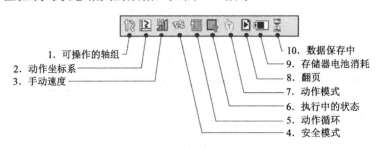

图 3-9　状态显示区

**1．可进行轴操作的控制轴组**

当系统带工装轴或有多台机器人时，显示可进行轴操作的控制轴组，如图 3-10 所示。

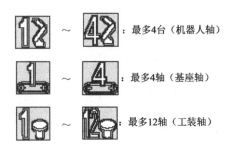

图 3-10　控制轴组

**2．动作坐标系**

显示轴操作时的坐标系。按 ，切换坐标系，如图 3-11 所示。

图 3-11　各种坐标系

**3．手动速度**

显示轴操作时的速度，如图 3-12 所示。

**4．安全模式，如图 3-13 所示。**

：微动

：低速

：中速

：高速

：操作模式

：编辑模式

：管理模式

图 3-12　手动速度　　　　　　　图 3-13　安全模式

**5．动作循环**

显示当前的动作循环，如图 3-14 所示。

**6．执行中的状态**

在停止、暂停、急停、报警状态中，选择当前状态，如图 3-15 所示。

：停止中

：暂停中

：急停中

：报警中

：运行中

：单步

：单循环

：连续

图 3-14　动作循环　　　　　　图 3-15　执行中的状态

**7．动作模式（图 3-16）**

**8．翻页（图 3-17）**

**9．多界面模式（图 3-18）**

示教
再现

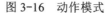

：能够翻页时显示

：指定多界面模式时显示

图 3-16　动作模式　　　图 3-17　翻页　　　图 3-18　多界面模式

10. 存储器电池消耗（图3-19）

11. 数据保存中（图3-20）

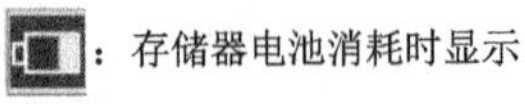

图3-19　存储器电池消耗 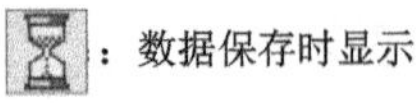　　　　图3-20　数据保存中

### 3.4.5　人机接口显示区

人机接口显示区显示错误或信息，如图3-21所示。

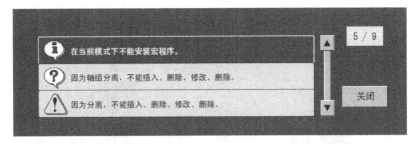

图3-21　显示错误或信息

1）错误显示时，只有在取消错误后，方可操作。

2）用[清除]键可进行操作。

3）信息多次发生时，信息显示区出现 。

4）激活信息显示区，按[选择]键，可显示当前发生的信息列表，如图3-22所示。

图3-22　当前发生的信息列表

5）按[关闭]键或[取消]键，可关闭信息一览界面。

### 3.4.6　菜单显示区

菜单显示区执行程序编辑、程序管理及各种实用工具时使用，如图3-23所示。

图3-23　主菜单显示区

## 3.5　界面的表示

1）示教编程器界面显示的菜单用【　】括起来表示。图3-24所示界面菜单分别用【程

序】、【编辑】、【显示】、【实用工具】表示。

图 3-24　界面的显示

2）界面根据需要进行显示，如图 3-25～图 3-28 所示。

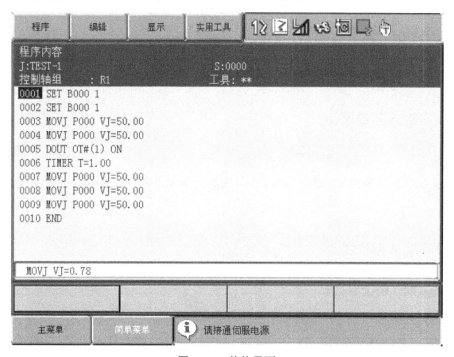

图 3-25　整体界面

图 3-26　界面上方

```
0001 SET B000 1
0002 SET B000 1
0003 MOVJ P000 VJ=50.00
0004 MOVJ P000 VJ=50.00
0005 DOUT OT#(1) ON
0006 TIMER T=1.00
0007 MOVJ P000 VJ=50.00
0008 MOVJ P000 VJ=50.00
0009 MOVJ P000 VJ=50.00
0010 END
```

图 3-27　界面中央

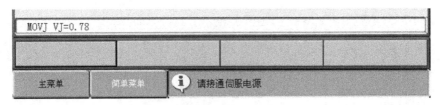

图 3-28 界面下方

# 3.6 文字输入操作

将光标移动到准备输入的数据上，按[选择]键，显示软键盘。

## 3.6.1 文字输入菜单区

文字输入时，示教编程器界面显示软键盘。

软键盘有以下几种形式：键盘的切换、可按界面显示的按钮，也可按示教编程器上的[翻页]键。

## 3.6.2 文字输入操作键

文字输入操作键说明见表 3-2。

表 3-2 文字输入操作键说明

| 键　盘 | 按　钮 | 说　　明 |
|---|---|---|
| 光标 | | 用十字光标键移动光标 |
| [选择] | 选 ○ 择 | 1）用[选择]键选择文字<br>2）还可从多个候选文字中选择 |
| [清除] | 清除 | 1）取消所有输入的文字<br>2）若进一步按[清除]键，关闭软键盘 |
| [回车] | 回车 | 确定输入的文字 |
| [翻页] | 返回 ▶ 翻页 | 1）修改示教编程器键盘的显示种类<br>键盘的顺序见图 3-29<br>2）在汉字转换中按该键，无效 |

（续）

| 键　　盘 | 按　　钮 | 说　　明 |
|---|---|---|
| 激活窗口选择 | ◆ 区域 | 将光标从转换结果移动到转换区 |
| [主菜单] | 主菜单 | 1）按下该键，关闭软键盘<br>2）在汉字转换中按该键，无效 |
| [数字] | 0 参考点<br>～<br>9 送丝 | 在多个候选（参阅下面内容）显示中，若选择相应的数值后，该文字被选定 |

### 3.6.3　英文与数字输入

用翻页键，显示英文输入界面。

将光标移动到想要输入的文字，按[选择]键，选择文字，如图 3-29、图 3-30 所示。

数字用数字键或者用英文数字符号输入。可输入 0～9 的数字、小数点（.）、连字符及负数（一）。

程序名称不能使用汉字、小数点、全角符号。

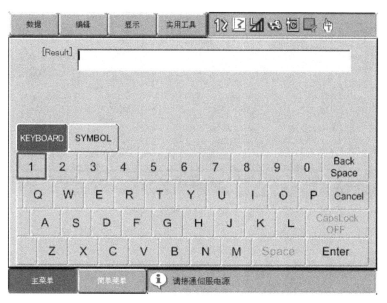

图 3-29　英文数字（大写字母）

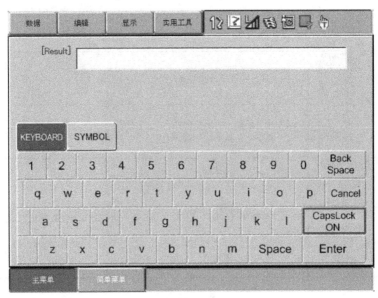

图 3-30　英文数字（小写字母）

### 3.6.4　符号的输入

符号输入界面如图 3-31 所示。

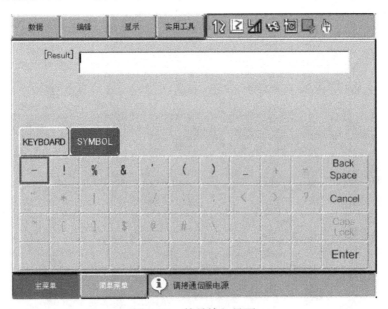

图 3-31　符号输入界面

## 3.7　动作模式

安川机器人控制柜有示教模式、再现模式、远程模式三种动作模式，如图 3-32 所示。

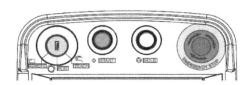

图 3-32　三种动作模式

### 3.7.1　示教模式

从事程序编辑或者对已登录的程序进行修改时，要在示教模式下进行。

另外，进行各种特性文件和各种参数的设定也要在示教模式下进行。

示教模式下不能进行以下操作。

1）[START]键不能进行再现操作。

2）不能用外部输入信号进行操作。

### 3.7.2　再现模式

再现模式是再现示教程序时使用的模式，即示教编程器控制的自动运行模式。

### 3.7.3　远程模式

伺服电源接入、开始、调用程序、启动循环等相关操作需要通过外部输入信号来指定，这些操作在远程模式下进行。

在远程模式下，通过外部输入信号的操作有效。此时，示教编程器上的[开始]按钮无效。

数据传输功能（选项）在远程模式下有效。表 3-3 为各动作模式操作。

表 3-3　各动作模式操作

| 操　　作 ＼ 模　　式 | 示 教 模 式 | 再 现 模 式 | 远 程 模 式 |
|---|---|---|---|
| 伺服准备 | 示教编程器 | 示教编程器 | 外部输入信号 |
| 启动 | 无效 | 示教编程器 | 外部输入信号 |
| 循环变更 | 示教编程器 | 示教编程器 | 外部输入信号 |
| 调用主程序 | 示教编程器 | 示教编程器 | 外部输入信号 |

## 3.8　安全模式及其变更

安川机器人 DX100 可以根据具体情况设置操作模式、编辑模式和管理模式的 3 个操作权限（安全模式）。

### 3.8.1 安全模式的种类

#### 1．操作模式

操作模式的使用对象是监视生产线运行中工业机器人动作的操作人员。主要可进行的操作有工业机器人的启动、停止和监控等，也可进行生产线异常发生后的恢复作业。

#### 2．编辑模式

编辑模式的使用对象是从事示教操作的人员。可执行操作模式下的各种作业、可使工业机器人做轴动作，还可进行程序编辑及各种条件文件的编辑工作。

#### 3．管理模式

管理模式的使用对象是从事系统安装和系统维护作业的操作人员。可执行编辑模式下各种作业，还可对参数、时间、密码变更进行管理。

另外，进行编辑模式和管理模式的操作时，需要输入密码。密码要求用 4 个以上、8 个以下的数字和符号设定。

### 3.8.2 安全模式的变更

安全模式只有在显示主菜单的状态下才可以变更。其操作步骤如下：

1）选择主菜单中的【系统信息】，显示子菜单，如图 3-33 所示。

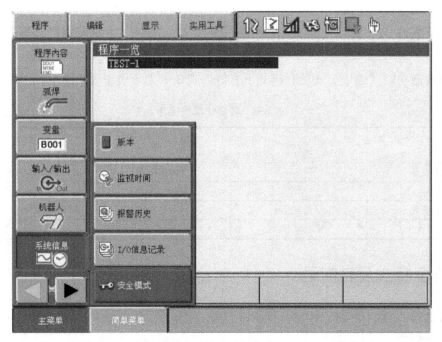

图 3-33　选择主菜单中的【系统信息】，显示子菜单

2）选择【安全模式】，显示主菜单中的安全，如图 3-34 所示。

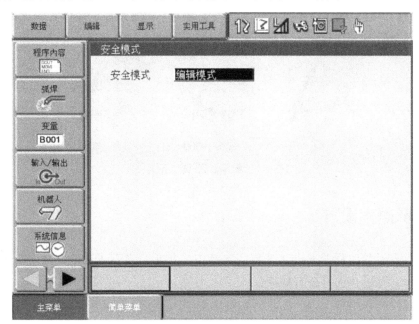

图 3-34　选择【安全模式】，显示主菜单中的安全

## 3.9　如何正确拿持示教编程器

安川机器人示教编程器设计符合人体工程学，正确拿持可快速方便地进行示教作业。图 3-35 所示为正确拿持示教编程器。

图 3-35　正确拿持示教编程器

## 3.10　示教编程器安全开关使用

示教编程器背面设有安全开关，可控制伺服电源的通断。在示教模式下，需要使用安全开关接通伺服电源。安全开关分三个档位，分别是松开—断开、握住—接通、抓紧—断开，如图 3-36 所示。

当操作者握紧安全开关时，伺服电源被接通，但如果操作者在紧张情况下用力压紧开关，听到"咔"的响声时，伺服电源被切断。该设置是为了更好地保护操作者和设备的安全。

松开—断开　　　　握住—接通　　　　抓紧—断开

图 3-36　示教编程器安全开关使用

## 3.11　显示语言设置

安川机器人示教编程器人机交互界面支持中文显示，在双语功能有效时可通过快捷键[转换]键+[区域]键组合进行语言切换。

## 3.12　系统时间设置

可根据需要，按照以下方法对工业机器人系统时间进行设置。

1）选择主菜单的【设置】，选择【日期/时间】，显示"DATE/TIME SET"界面，如图 3-37 所示。

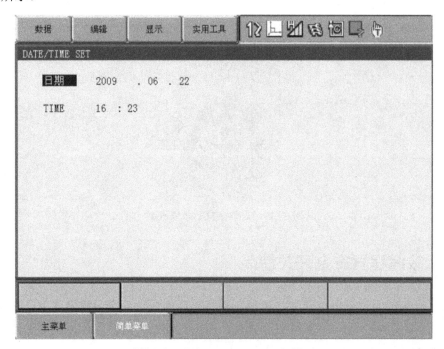

图 3-37　"DATE/TIME SET"界面

2）选择"日期"或"时间"，进入数值输入状态，根据需要输入新日期或时间后按[回车]键进行修改。如图 3-38 所示，日期或时间被修改。

图 3-38 修改日期或时间

## 3.13 示教编程器窗口显示设置（界面、显示颜色）

此处仅以文字大小设置为例进行讲解。安川机器人 DX100 里可设置示教编程器界面显示文字的大小，其设置方法如下。

1）选择主界面的【显示设置】→【更改字体】，如图 3-39 所示。

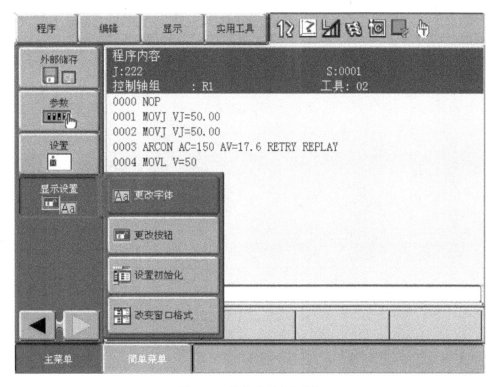

图 3-39 选择【更改字体】

2）界面中央出现文字大小设定界面，如图 3-40 所示，根据需要进行选择。

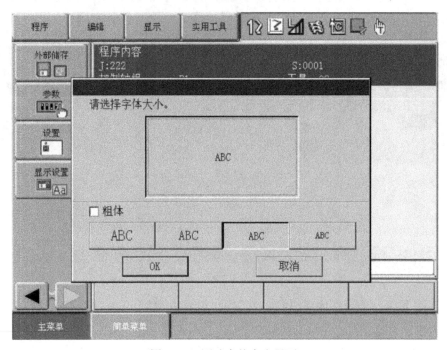

图 3-40　更改字体大小界面

第 **4** 章

# 工业机器人坐标系与操作

在对工业机器人进行编程前，需要掌握工业机器人的手动操纵。手动操纵工业机器人是在示教模式下，通过[轴操作]键控制工业机器人运动。当进行手动操纵练习时，需要遵守第 2 章关于安全操作的原则，以保障操作者在操作过程中的人身和设备安全。

## 4.1 控制组与坐标系

### 1. 控制组

DX100 将单轴或多轴的操作称为"控制组"。工业机器人本体自身的轴称为"机器人轴"，使工业机器人整体平行移动的轴称为"基座轴"，除此之外还有"工装轴"，配合夹具和工具使用。基座轴、工装轴还称为外部轴，如图 4-1 所示。

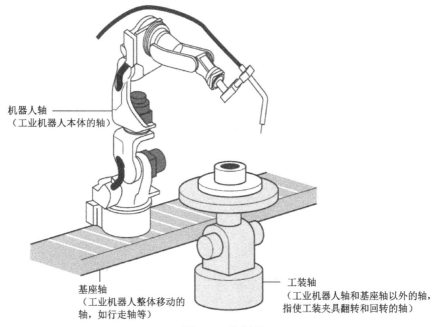

机器人轴
（工业机器人本体的轴）

基座轴
（工业机器人整体移动的
轴，如行走轴等）

工装轴
（工业机器人轴和基座轴以外的轴，
指使工装夹具翻转和回转的轴）

图 4-1　控制组

### 2．坐标系

对本体进行轴操作时，其坐标系有以下几种形式，如图 4-2 所示。

1）关节坐标系：本体各轴单独运动。

2）直角坐标系：工业机器人前端沿设定的 X 轴、Y 轴、Z 轴平行运动。

3）圆柱坐标系：本体前端在 θ 轴绕 S 轴运动，R 轴平行运动。Z 轴运动方向与直角坐标系相同。

4）工具坐标系：工具坐标系把工业机器人腕部工具的有效方向作为 Z 轴，把 XYZ 直角坐标定义在工具的尖端点。本体尖端点根据坐标平行运动。

5）用户坐标系：XYZ 直角坐标在任意位置定义。本体尖端点根据坐标平行运动。

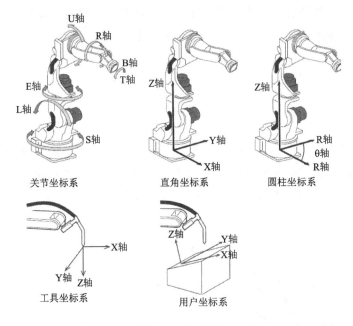

图 4-2　坐标系

# 4.2　工业机器人基本操作

### 1．安全确认

操作前，请再次阅读第 2 章，排除操作对象工业机器人系统及周边设备对周围环境带来的潜在危险，确保安全。

### 2．示教模式选择

将示教编程器的模式切换键转到示教模式。

### 3．控制组的选择

当控制组为多个系统或协调系统（选项）时，首先选择要操作的对象控制组。当登录了机器人、基座、工装等多个控制组时，可用"转换"＋"机器人切换"或"转换"＋"外部轴切换"进行轴控制组的切换。

选择程序后，在该程序登录的控制组成为操作对象。登录在编辑程序上的控制组可用"机器人切换"或"外部轴切换"进行转换。在状态显示区对即将操作的控制组进行确认。

### 4．坐标系的选择

按[坐标]键，选择要操作的对象坐标系，关节→直角（圆柱）→工具→用户，每按一次键，就切换一次。在状态区进行确认切换到"直角"坐标系下。

### 5．速度的选择

可按手动速度的[高]键或[低]键，选择轴操作时的手动速度。该速度在[前进]或[后退]的键操作时也有效。

用示教编程器让工业机器人工作时，控制点的最高速度限制在 250mm/s 以内。

1）按手动速度[高]键，每按一次，手动速度按照微动→低→中→高的顺序变换。

2）按手动速度[低]键，每按一次，手动速度按照高→中→低→微动的顺序变换。

### 6．伺服准备

握住安全开关，如图 4-3 所示（伺服通的 LED 灯亮）。

图 4-3　握住安全开关

### 7．轴操作

再次确认工业机器人周边的安全。在此状态下，按[轴操作]键，轴动作按照选择的控制组、坐标系、手动速度、[轴操作]键进行运动。

控制组与坐标系和轴动作的关系请参阅 4.3"坐标系与轴操作"。

### 8．高速键操作

按[轴操作]键，同时按[高速]键期间，工业机器人高速运动。

手动速度为"微动"时，[高速]键无效。

# 4.3 坐标系与轴操作

## 4.3.1 关节坐标系

在关节坐标系下，工业机器人各个轴可单独动作。当按下工业机器人没有的[轴操作]键时，不做任何动作。各轴动作见表4-1。

表4-1 各轴动作

| 轴 名 称 | | 轴 操 作 | 动 作 |
|---|---|---|---|
| 基本轴 | S轴 | X- S- / X+ S+ | 本体左右旋转 |
| | L轴 | Y- L- / Y+ L+ | 下臂前后运动 |
| | U轴 | Z- U- / Z+ U+ | 上臂上下运动 |
| 腕部轴 | R轴 | X- R- / X+ R+ | 手腕旋转 |
| | B轴 | Y- B- / Y+ B+ | 手腕上下运动 |
| | T轴 | Z- T- / Z+ T+ | 手腕旋转 |
| 附加轴 | E轴 | E- / E+ | 下臂旋转 |

[轴操作]键对应的关节运动示意如图4-4、图4-5所示。

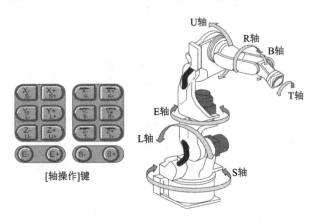

图4-4 [轴操作]键对应的关节运动1

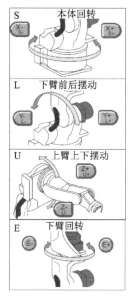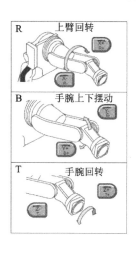

图 4-5　[轴操作]键对应的关节运动 2

　　在关节坐标系下进行轴操作，当同时按 2 个以上的多个[轴操作]键时，工业机器人呈合成式运动。但是像[S-]+[S+]这样同轴反方向的 2 个键同时按下时，所有轴将不动。

## 4.3.2　直角坐标系

　　工业机器人在直角坐标系下，与本体轴 X、Y、Z 轴平行运动。各轴动作见表 4-2。

表 4-2　各轴动作

| 轴　名　称 | | 轴　操　作 | 动　作 |
|---|---|---|---|
| 基本轴 | X轴 | X- X+ | 沿X轴平行移动 |
| | Y轴 | Y- Y+ | 沿Y轴平行移动 |
| | Z轴 | Z- Z+ | 沿Z轴平行移动 |
| 手腕轴 | | 手腕轴动作时控制点保持不动。请参阅4.3.7 "控制点保持不变的操作"。 | |

　　工业机器人本体运动参考直角坐标系，如图 4-6 所示。

　　工业机器人参考直角坐标系沿 X、Y 轴做插补运动，如图 4-7 所示。

　　工业机器人参考直角坐标系沿 Z 轴做插补运动，如图 4-8 所示。

　　在直角坐标系下进行轴操作，同时按下 2 个以上的多个[轴操作]键时，工业机器人呈合成式动作。但是像 [X-]+[X+] 这样同轴反方向的 2 个键同时按下时，所有轴将不动。

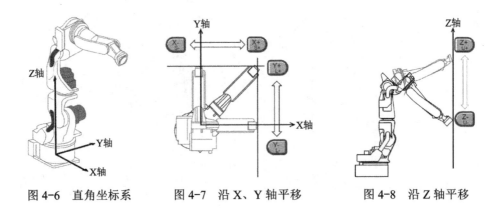

图 4-6　直角坐标系　　　图 4-7　沿 X、Y 轴平移　　　图 4-8　沿 Z 轴平移

### 4.3.3　圆柱坐标系

在圆柱坐标系下，工业机器人以本体 Z 轴为中心旋转运动，或与 Z 轴成直角平行运动。各轴动作见表 4-3。

表 4-3　各轴动作

| 轴 名 称 | | 轴 操 作 | 动 作 |
|---|---|---|---|
| 基本轴 | θ轴 | X- S- 　 X+ S+ | 本体旋转运动 |
| | R轴 | Y- L- 　 Y+ L+ | 垂直于Z轴移动 |
| | Z轴 | Z- U- 　 Z+ U+ | 沿Z轴平行移动 |
| 手腕轴 | | 手腕轴动作时控制点保持不动。请参阅4.3.7 "控制点保持不变的操作" | |

工业机器人圆柱坐标系如图 4-9 所示。

工业机器人参考圆柱坐标系向 θ 轴方向运动，如图 4-10 所示。

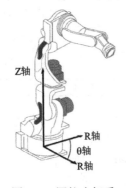

图 4-9　圆柱坐标系

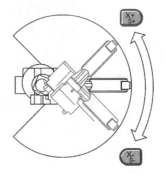

图 4-10　向θ轴方向移动

工业机器人参考圆柱坐标系向 R 轴方向运动，如图 4-11 所示。

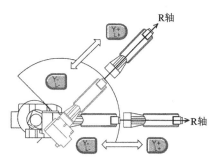

图 4-11　向 R 轴方向移动

在圆柱坐标系下进行轴操作，同时按下两个以上多个[轴操作]键时，工业机器人呈合成式运动。但是像[Z-]+[Z+]这样、同轴反方向的两个键同时按下时，全轴将不动。

## 4.3.4　工具坐标系

### 1. 工具坐标系概述

在工具坐标系下，工业机器人沿定义在工具尖端点的 X、Y、Z 轴平行运动。各轴动作见表 4-4。

表 4-4　工具坐标系各轴动作

| 轴　名　称 | | 轴　操　作 | 动　作 |
|---|---|---|---|
| 基本轴 | X轴 | X-S X+S+ | 沿X轴平行移动 |
| | Y轴 | Y-L Y+L+ | 沿Y轴平行移动 |
| | Z轴 | Z-U- Z+U+ | 沿Z轴平行移动 |
| 手腕轴 | | 手腕轴动作时控制点保持不动。请参阅4.3.7"控制点保持不变的操作" | |

工业机器人工具坐标系示意图，如图 4-12 所示。

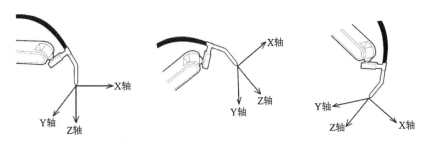

图 4-12　工具坐标系

工业机器人参考工具坐标系沿 X、Z 轴方向运动，如图 4-13 所示。

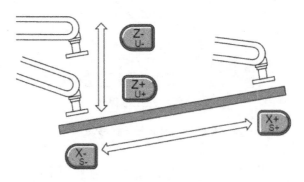

图 4-13　工业机器人参考工具坐标系沿 X、Z 轴方向运动

工具坐标系把安装在工业机器人腕部法兰盘上的工具有效方向作为 Z 轴，把坐标定义在工具尖端点。为此，工具坐标轴的方向随腕部的动作而变化。

工具坐标系的运动不受工业机器人位置或姿势变化的影响，主要以工具的有效方向为基准进行运动。所以，工具坐标系运动最适合在工具姿势始终与工件保持不变、平行移动的应用中使用。

　　要想使用工具坐标系，需事先进行工具文件的登录。详细内容请参阅 5.3 "工具坐标系的设定"。

### 2．工具的选择

在使用多种工具的系统中，要根据作业内容选择工具。

　　该操作，需事先设定可使用多种工具。要想 1 台工业机器人使用多种工具，需进行以下参数的设定。

　　S2C431：工具号切换的指定。

　　1：可进行多个工具文件的切换。

　　0：切换不可。

1）按[坐标]键，选择工具坐标系。每按一次[坐标]键，按关节→直角→工具→用户的顺序变换。在状态显示区确认 ⚒ 。

2）按[转换]键+[坐标]键，显示工具选择界面，如图 4-14 所示。

3）光标对准需要的工具。界面上的例子是：选择 0 号工具（焊枪型号 MT-3501）。

4）按[转换]键+[坐标]键，回到原来的界面。

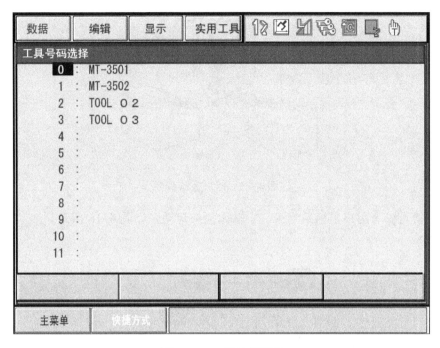

图 4-14 工具选择界面

## 4.3.5 用户坐标系

### 1. 用户坐标系概述

在用户坐标系下，在工业机器人动作范围的任意位置，设定任意角度的 X、Y、Z 轴，工业机器人与设定的这些轴平行移动。用户坐标最多可登录 63 个，与此对应，可设定的工具号码是 1～63，一般称之为用户坐标文件。各轴动作见表 4-5。

表 4-5　各轴动作

| 轴　名　称 | | 轴　操　作 | 动　作 |
|---|---|---|---|
| 基本轴 | X轴 | X- X+ | 沿X轴平行移动 |
| | Y轴 | Y- Y+ | 沿Y轴平行移动 |
| | Z轴 | Z- Z+ | 沿Z轴平行移动 |
| 手腕轴 | | 手腕轴动作时控制点保持不动。请参阅4.3.7"控制点保持不变的操作" | |

工业机器人用户坐标系示意如图 4-15 所示。

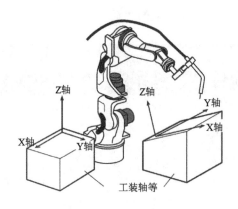

图 4-15　用户坐标系

工业机器人参考用户坐标系沿 X、Y 轴做插补运动，如图 4-16 所示。

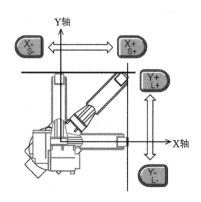

图 4-16　沿 X、Y 轴平移

工业机器人参考用户坐标系沿 Z 轴做插补运动，如图 4-17 所示。

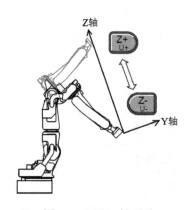

图 4-17　沿 Z 轴平移

## 2. 用户坐标系的选择

在使用了多个用户坐标的系统中，需根据作业内容选择用户坐标。

1）按[坐标]键，选择用户坐标系。每按一次[坐标]键，按关节→直角→工具→用户顺序变换。在状态显示区确认凹。

2）按[转换]键+[坐标]键，显示用户坐标号选择界面，如图 4-18 所示。

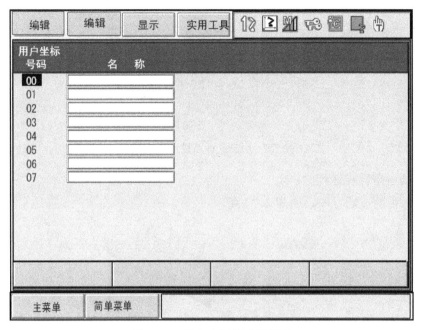

图 4-18　用户坐标号选择界面

3）选择需要的用户坐标号。

### 3. 用户坐标系使用举例

通过用户坐标系的使用，可使各种示教操作更为简单。以下通过几个例子加以说明。

（1）有多个夹具台时

若使用各夹具台设定的用户坐标系（图 4-19），可使手动操作更为简单。

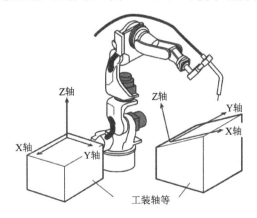

图 4-19　用各夹具台设定的用户坐标系

（2）当从事排列、码放作业时

若将用户坐标系设定在托盘上（图 4-20），那么设定平行移动时的位移增加值，就变得更为简单。

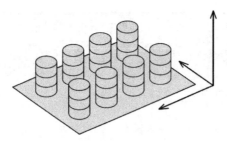

图 4-20　用户坐标系设定在托盘上

（3）与传送带同步运行时

指定传送带的运动方向，如图 4-21 所示。

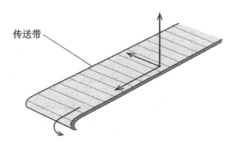

图 4-21　指定传送带的运动方向

## 4.3.6　外部轴

控制组若选择基座轴或者工装轴即可进行操作。表 4-6 显示的是各轴的动作。

表 4-6　各轴的动作

| 轴　名　称 | | 轴　操　作 | 动　作 |
| --- | --- | --- | --- |
| 基座轴及工装轴 | 第1轴 | X- S-　X+ S+ | 第1轴动作 |
| | 第2轴 | Y- L-　Y+ L+ | 第2轴动作 |
| | 第3轴 | Z- U-　Z+ U+ | 第3轴动作 |

## 4.3.7　控制点保持不变的操作

控制点保持不变的操作是指不改变工具尖端点的位置（控制点），只改变工具姿势的轴操作。除关节坐标系以外的坐标系均可进行该操作。各轴动作见表 4-7。

表 4-7　各轴动作

| 轴　名　称 | 轴　操　作 | 动　　作 |
|---|---|---|
| 手腕轴 |  | 使控制点位置保持不变，只有工具姿势改变。围绕指定坐标系的坐标轴运动中，工具姿势变化 |
| E 轴 | E-　　E+ | 1）只在 7 轴工业机器人有效<br>2）工具位置、姿势固定不变，手臂姿势变化（Re 角度变化） |

控制点保持不变的轴操作：若同时按 2 个以上的多个[轴操作]键时，工业机器人呈合成式运动。但是若同时按像［X-］+［X+］这样同轴 2 个相反方向的 2 个键时，所有轴将不动。

Re 是显示 7 轴工业机器人姿势的要素，可以按照指定坐标系旋转，但姿态不变。Re 定义如图 4-22 所示。

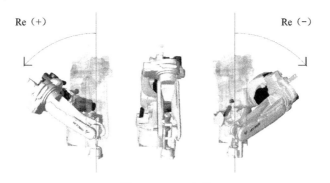

图 4-22　Re 定义

使用焊枪和焊钳时保持控制点不变的情形，如图 4-23 所示。

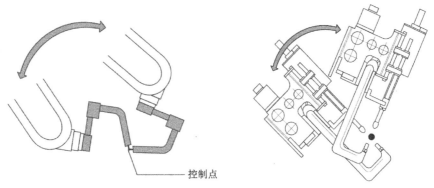

图 4-23　使用焊枪和焊钳时保持控制点不变的情形

在控制点不变的操作中，由于选择不同的坐标系，所以各手腕轴的回转也各异。

### 1．在直角/圆柱坐标系中

以本体轴的 X、Y、Z 为基准，做回转运动，如图 4-24 所示。

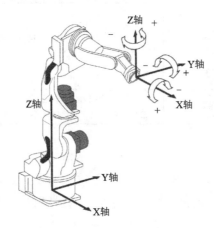

图 4-24　以本体轴的 X、Y、Z 为基准，做回转运动

### 2．在工具坐标系中

以工具坐标系的 X、Y、Z 轴为基准，做回转运动，如图 4-25 所示。

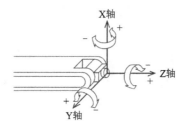

图 4-25　以工具坐标系的 X、Y、Z 轴为基准，做回转运动

### 3．在用户坐标系中

以用户坐标系的 X、Y、Z 为基准，做回转运动，如图 4-26 所示。

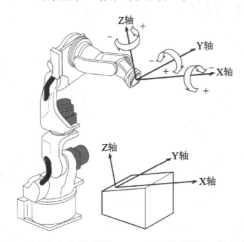

图 4-26　以用户坐标系的 X、Y、Z 为基准，做回转运动

### 4.3.8　变更控制点的操作

轴操作的对象是工具尖端点位置（控制点，从法兰盘面到控制点的距离已登录在工具文件中）。

变更控制点的操作方法：在登录的多个工具中，选择要使用的工具。边变更控制点，边进行轴的操作。该操作可在关节以外的坐标系中进行。

控制点变更后的轴操作与控制点不变的操作相同。

**例 1**　使用多个工具时，变更控制点的操作方法

1）将工具 1、工具 2 的控制点分别作为 $P_1$、$P_2$。

2）若选择工具 1 进行轴操作时，工具 1 的控制点 $P_1$ 就成为操作对象。工具 2 仅随工具 1 动作，不受轴操作的控制。

3）相反若选择工具 2 进行轴操作，那么工具 2 的控制点 $P_2$ 就成为轴操作的对象。工具 1 仅随工具 2 动作，如图 4-27 所示。

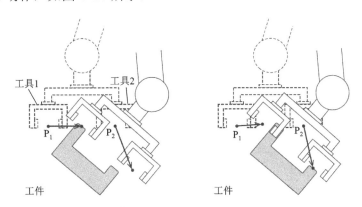

图 4-27　选择工具 1，轴操作控制点 $P_1$；选择工具 2，轴操作控制点 $P_2$

**例 2**　使用一个工具时，控制点变更的操作方法

1）将工具夹持的工件的两个角分别作为控制点 $P_1$、$P_2$。

2）交替选择两个控制点，可使工件按图 4-28 所示移动。

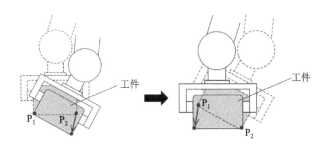

图 4-28　选择 $P_1$，操作时使控制点不变；选择 $P_2$，操作时使控制点不变

# 第5章 工业机器人系统设定

## 5.1 原点位置校准

原点位置校准没有完成时，不能进行示教和再现操作。使用多台工业机器人系统，每台工业机器人都必须进行原点位置校准。

### 5.1.1 原点位置校准概述

原点位置校准是将工业机器人位置与绝对编码器位置进行对照确认。

原点位置校准是在出厂前进行的，但在下列情况下必须再次进行原点位置校准。

1）更换工业机器人和控制柜（DX100）的组合时。

2）更换绝对编码器时。

3）存储卡内存被删除时。

4）工业机器人碰撞工件，原点位置偏移时。

用[轴操作]键使工业机器人运动到原点位置姿势进行原点位置校对。操作有以下两种方法。

1）全轴同时登录：改变工业机器人和控制柜的组合时，用全轴同时登录方法登录原点。

2）各轴单独登录：更换绝对编码器时，用各轴单独登录的方法登录原点位置。

已知原点位置姿态绝对原点数据的情况下，可直接输入绝对原点数据。

把各轴 0 脉冲的位置称为原点位置，这时候的姿势称为原点位置姿势。

### 5.1.2 原点位置姿势

VA1400 工业机器人的原点位置姿势如图 5-1 所示。

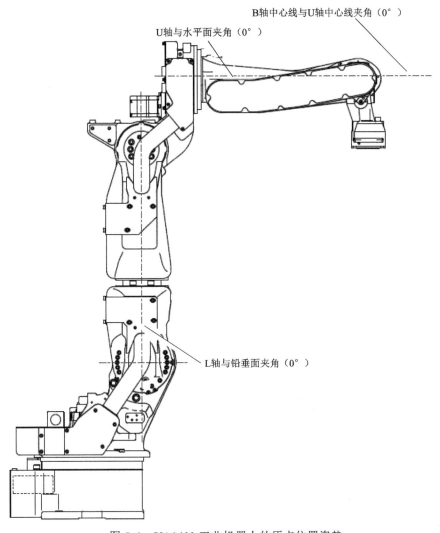

B轴中心线与U轴中心线夹角（0°）

U轴与水平面夹角（0°）

L轴与铅垂面夹角（0°）

图 5-1　VA1400 工业机器人的原点位置姿势

　　机型不同，原点位置姿势也不同，其他型号工业机器人原点位置姿势请参考相应机型的 "机器人使用说明书"。

### 5.1.3　原点位置校准方法

安全模式切换为管理模式时可显示原点位置校准界面。

**1. 进行全部轴登录**

1）选择主菜单的【机器人】，显示子菜单，如图 5-2 所示。

图 5-2　选择主菜单的【机器人】，显示子菜单

2）选择【原点位置】，显示原点位置校准界面，如图 5-3 所示。

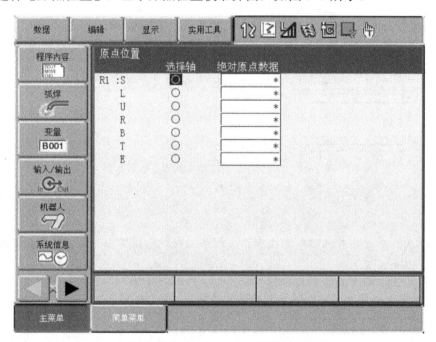

图 5-3　选择【原点位置】，显示原点位置校准界面

3）选择菜单的【显示】，显示下拉菜单，如图 5-4 所示。

上述操作也可以进行【页数】选择。此情况下显示选择清单，如图 5-5 所示。

4）选择控制轴组：选择原点位置校准控制组，控制组的选择时，按[翻页]键 进行选择。

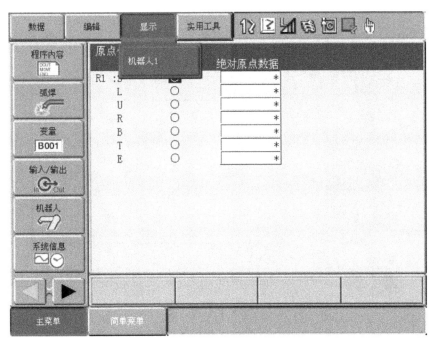

图 5-4 选择菜单的【显示】，显示下拉菜单

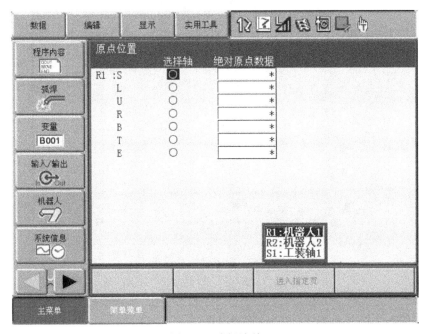

图 5-5 选择清单

5）选择【编辑】菜单，弹出下拉菜单，如图 5-6 所示。

6）单击【选择全部轴】，显示确认对话框，如图 5-7 所示。

7）如果选择【是】，以显示的全轴的当前值作为原点输入；如果选择【否】，则停止操作。

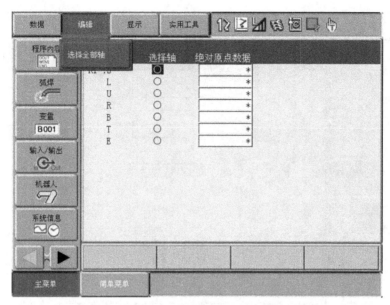

图 5-6　选择【编辑】菜单，弹出下拉菜单

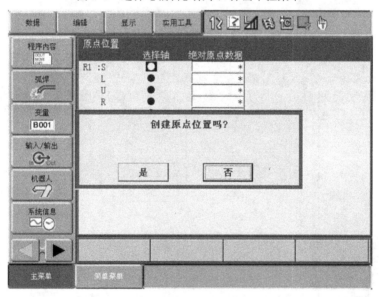

图 5-7　显示确认对话框

## 2. 进行各轴单独登录

1）选择主菜单的【机器人】，显示子菜单。

2）选择【原点位置】。

3）选择控制组，按照上述的"1. 进行全轴登录"的3）、4）操作，选择希望的控制轴组。

4）选择个别登录轴，把光标移动到个别登录轴选择轴处，进行选择，如图 5-8 所示。
显示确认对话框，如图 5-9 所示。

5）选择【是】，显示轴的当前值作为原点登录；选择【否】，则操作停止。

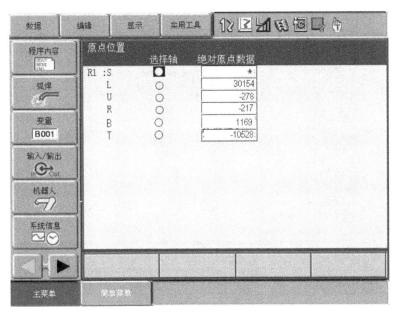

图 5-8 选择个别登录轴

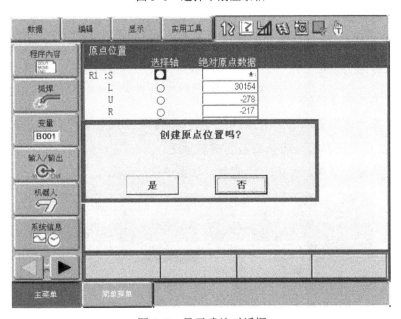

图 5-9 显示确认对话框

### 3．修改绝对原点数据

对于绝对原点校准完毕的轴，只改变绝对原点数据时，进行以下操作。

1）选择主菜单的【机器人】，显示子菜单。

2）选择【原点位置】。

3）选择控制轴，按照上述的"1．进行全轴登录"的3）、4）操作，选择希望的控制轴组。

4）选择想登录轴的绝对值数据，变为数值输入状态，如图5-10所示。

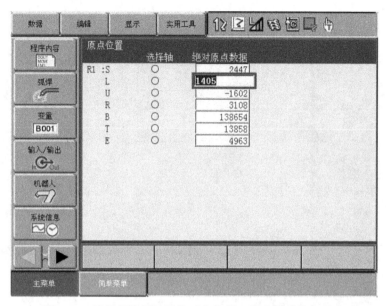

图 5-10　选择想登录轴的绝对值数据，变为数值输入状态

5）输入绝对值数据。

6）按住[回车]键，绝对值数据被修改。

### 4. 清除绝对原点数据

1）选择主菜单的【机器人】，显示子菜单。

2）选择【原点位置】，按照上述"1. 进行全轴登录"的 2）、3）、4）进行操作，使之显示原点位置校准界面，选择希望的控制轴组。

3）选择【数据】菜单，弹出下拉菜单，如图 5-11 所示。

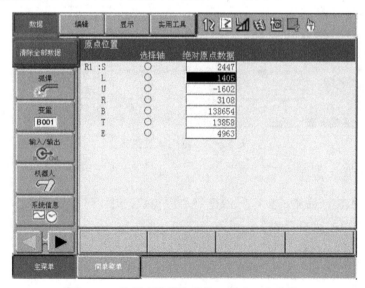

图 5-11　选择【数据】菜单，弹出下拉菜单

4）选择【删除全部数据】，显示确认对话框，如图 5-12 所示。

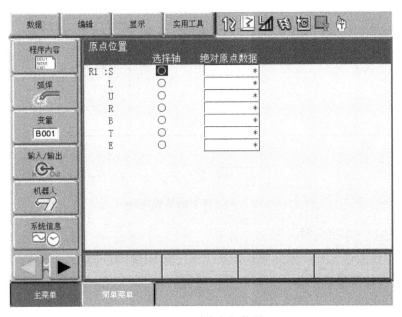

图 5-12 选择【删除全部数据】，显示确认对话框

5）选择【是】，删除全部的绝对值数据，如图 5-13 所示；选择【否】，则停止操作。

图 5-13 删除全部数据

## 5.2 第二原点的设定

第二原点位置和工业机器人固有的原点位置不同，它是作为绝对数据的检查点而设定的位置。当接通电源时，如果绝对编码器的位置数据与上一次关闭电源时的位置数据不同，会出现报警信息。以下两种情况会发生报警。

1）PG 系统异常时。

2）PG 系统正常，电源关闭后工业机器人本体发生了位移。

PG 系统发生异常时，按启动键，开始再现时，工业机器人有向意想不到方向运行的危险性。为了确保安全，出现绝对原点允许范围异常报警后，如不进行位置确认的操作（图5-14），就不能进行再现及试运行的操作。

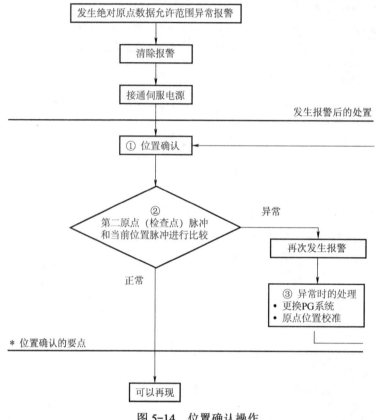

图 5-14　位置确认操作

图 5-14 中①～③的说明：

① 绝对原点数据允许范围异常报警发生后，利用[轴操作]键将工业机器人移动到第二原点位置，进行位置确认操作。如不进行位置确认操作，就不能进行再现、试运行及前进等操作。

② 第二原点位置的脉冲值和当前位置的脉冲值比较，如脉冲值在允许范围内便可以进行再现操作；如超出允许范围的话，则再次发生报警。允许范围脉冲是 PPR 数据（转一周的脉冲数）。

第二原点位置的初期值是原点位置（全轴 0 脉冲的位置），但可以修改。

③ 再次异常报警发生时，可以认为是 PG 系统异常，请检查。

处理完异常轴后，回复到轴的原点位置，再次进行位置确认。

　　1）全轴同时登录进行原点位置校准时，即使不进行位置确认也可以进行再现。

　　2）由于有些工业机器人的轴没有制动器，绝对原点数据允许范围异常发生报警后，有时即使不进行位置确认也可以进行再现操作（基本上都要位置确认）。此时，工业机器人要进行以下动作：

　　开始后工业机器人以低速（最大速度的 1/10）移动到光标所在的程序位置点。发生暂停，再次启动，继续以低速移动到光标所在程序点。到达光标位置程序点后，工业机器人停止。停止后，进行开始操作，按照程序的速度进行动作。

　　第二原点位置的设定按照以下操作进行。一台控制柜控制几台工业机器人和工作站时，每台工业机器人或者每个工作站都要设定第二原点。

　　1）选择主菜单的【机器人】，显示子菜单，如图 5-15 所示。

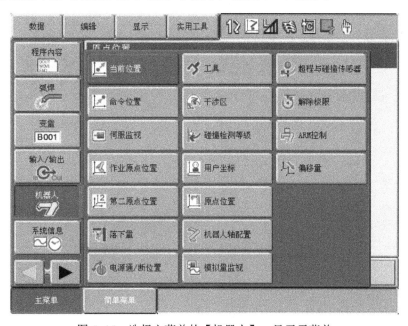

图 5-15　选择主菜单的【机器人】，显示子菜单

　　2）选择【第二原点位置】，显示第二原点位置界面，此时显示"能够移动或修改第二原点"，如图 5-16 所示。

　　3）按住[翻页]键，在控制轴组是多个的情况下，选择要设定第二原点的轴组，如图 5-17 所示。

　　4）按[轴操作]键，将工业机器人移动到新的第二原点位置。

5）按[修改]键、[回车]键，第二原点位置被修改。

图 5-16　显示"能够移动或修改第二原点"

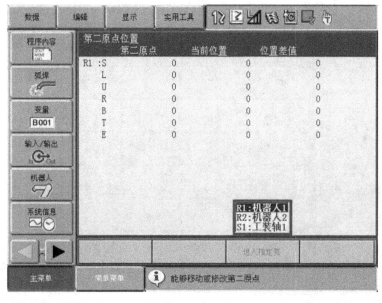

图 5-17　选择要设定第二原点的轴组

## 5.3　工具坐标系的设定

为了使工业机器人能正确进行直线插补、圆弧插补等插补动作，有必要正确地设定焊枪、抓手、焊钳等工具的尺寸信息，定义控制点的位置，如图 5-18 所示。

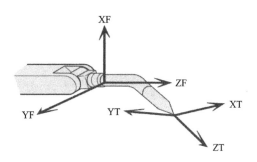

图 5-18　定义控制点的位置

XF—法兰盘向前的坐标　YF—由 XF、ZF 形成的 Y 轴　ZF—垂直于法兰盘的方向

　　工具坐标系的设定有两种方法，一种是直接输入工具坐标系数据来设定工具坐标系，另一种则是通过示教方法来设定工具坐标系。工具坐标系的数据包括位置数据、姿态数据及工具重量信息。

## 5.3.1　直接输入数据设定工具坐标系

### 1. 工具位置数据输入

　　直接输入数值设定工具坐标系时，把工具的控制点位置作为法兰盘坐标各轴上的坐标值来输入，如图 5-19 所示。

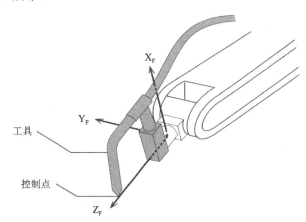

图 5-19　把工具的控制点位置作为法兰盘坐标各轴上的坐标值来输入

　　1）选择主菜单的【机器人】，显示子菜单，如图 5-20 所示。

　　2）选择【工具】。在工具一览界面上，把光标移动到想要选择的编号，按【选择】，显示选择的编号坐标界面，在工具坐标系选择界面单击[翻页]键，切换到希望设定的编号，如图 5-21 所示。

　　对于工具一览界面和工具坐标界面切换，请选择菜单的【显示】→【列表】或者【显示】→【坐标值】，如图 5-22 所示。

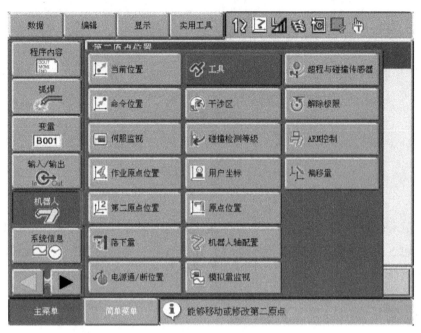

图 5-20　选择主菜单的【机器人】，显示子菜单

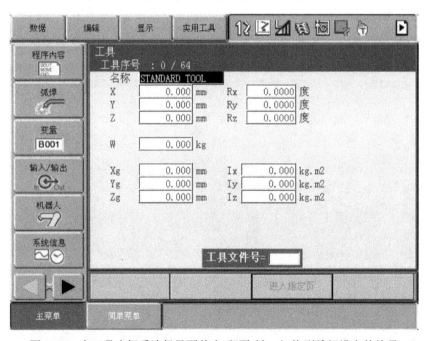

图 5-21　在工具坐标系选择界面单击[翻页]键，切换到希望设定的编号

图 5-22　工具一览界面和工具坐标界面切换

3）选择希望的工具编号。

4）选择想登录的坐标值，显示数值输入状态。

5）数值输入坐标值。

6）按【回车】键，登录坐标值，如图 5-23 所示。

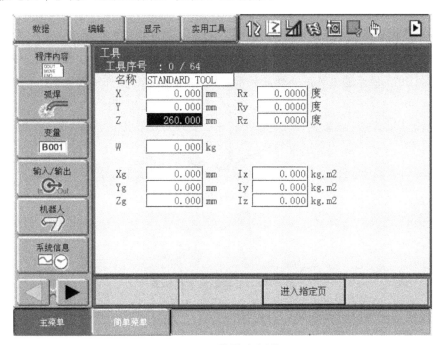

图 5-23 登录坐标值

**操作示例** 如图 5-24 所示的工具，A、B、C 三种情况的数据设定。

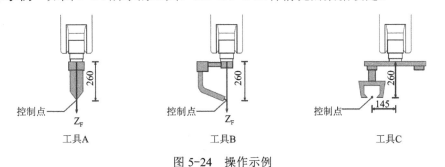

图 5-24 操作示例

1）工具 A、B 的情况，如图 5-25 所示。

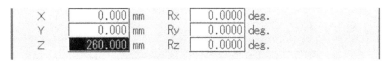

图 5-25 工具 A、B 的情况

2）工具 C 的情况，如图 5-26 所示。

| | | | | | |
|---|---|---|---|---|---|
| X | 0.000 | mm | Rx | 0.0000 | deg. |
| Y | 145.000 | mm | Ry | 0.0000 | deg. |
| Z | 260.000 | mm | Rz | 0.0000 | deg. |

图 5-26　工具 C 的情况

## 2．工具姿态数据输入

工具姿态数据是指表示工业机器人法兰盘坐标和工具坐标的角度数据。输入值是把法兰盘坐标和工具坐标调整到一致时的角度数据。朝着箭头向右旋转是正方向。按照 $R_z \rightarrow R_y \rightarrow R_x$ 的顺序输入。如图 5-27 所示的工具，登录 $R_z$=180、$R_y$=90、$R_x$=0，操作步骤如下：

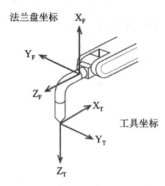

图 5-27　工具姿态数据输入

1）选择想要登录坐标值的轴，首先选择 $R_z$。

2）输入数值回转角度，用[数字]键输入法兰盘坐标 $Z_F$ 周围的回转角度，如图 5-28 所示。

| | | | | | |
|---|---|---|---|---|---|
| X | 0.000 | mm | Rx | 0.0000 | deg. |
| Y | 0.000 | mm | Ry | 0.0000 | deg. |
| Z | 0.000 | mm | Rz | 180.0000 | deg. |

图 5-28　用数字键输入法兰盘坐标 $Z_F$ 周围的回转角度

3）按[回车]键，$R_z$ 的回转角度被登录，用同样的操作输入 $R_y$、$R_x$ 的回转角度。输入 $R_y$ 法兰盘坐标绕 $Y'_F$ 的回转角度，如图 5-29 所示。

| | | | | | |
|---|---|---|---|---|---|
| X | 0.000 | mm | Rx | 0.0000 | deg. |
| Y | 0.000 | mm | Ry | 90.0000 | deg. |
| Z | 0.000 | mm | Rz | 180.0000 | deg. |

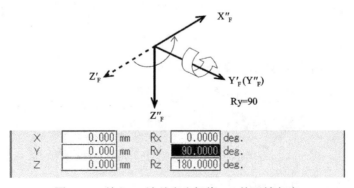

图 5-29　输入 $R_y$ 法兰盘坐标绕 $Y'_F$ 的回转角度

输入 $R_x$ 法拉盘坐标绕 $X'_F$ 的回转角度，如图 5-30 所示。

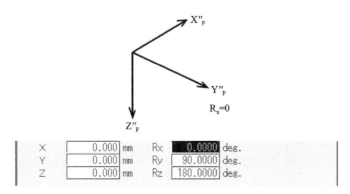

图 5-30　输入 $R_x$ 法拉盘坐标绕 $X'_F$ 的回转角度

## 5.3.2　示教设定工具坐标系

示教设定有 3 种方法，根据不同参数进行选择。S2C432 用于示教设定方法的选择有：

0：位置示教，通过示教五个点计算出工具控制点的坐标值，并存储在工具文件里。这种情况下的【姿态数据】全部重置为 0。

1：姿态示教，通过的第一个点计算出姿态数据，并存储在工具文件里。此情况下的【坐标值】保持原来的数据。

2：同时示教位置和姿态，通过示教 5 个点计算出工具控制点的坐标值和从第 1 点的位置计算出姿态数据，并存储在工具文件里。

**具体操作方法如下：**

操作工业机器人，使工具控制点以 5 个不同姿态与空间一尖点对齐，并将数据分别存储在 TC1～TC5 中，工业机器人根据这 5 个数据计算出工具坐标系的坐标值，如图 5-31 所示（各点的姿态请尽量采用差距大的姿态，否则控制点位置可能不准确）。

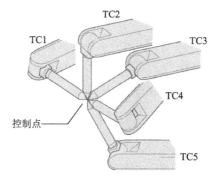

图 5-31　工具坐标系的坐标值

示教设定工具坐标系的第一个点（TC1）即为工具坐标系的姿态示教，把想设定的工具坐标 Z 轴垂直朝下方向（与基座坐标 Z 轴平行，前端同一方向）进行示教。

根据这个 TC1 姿态，工具姿态就自动算出来。此时工具坐标的 X 轴、在 TC1 的位置上定义工具坐标 X 轴的方向，如图 5-32 所示。

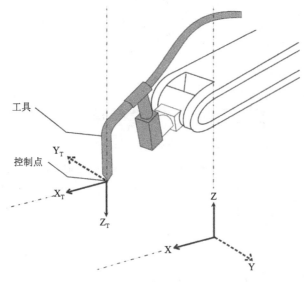

图 5-32 工具坐标的 X 轴、在 TC1 的位置上定义工具坐标 X 轴的方向

1）选择主菜单的【机器人】→【工具】，选择需要的工具编号，如图 5-33 所示。

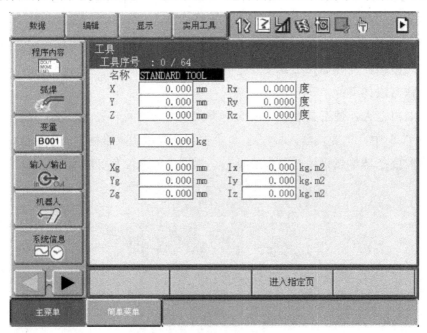

图 5-33 选择需要的工具编号

2）选择菜单的【实用工具】，弹出下拉菜单，如图 5-34 所示。

3）选择【校验】，弹出"工具校验"设定界面，如图 5-35 所示。

4）选择【机器人】，选择"工具校验"设定界面的"**"（多机器人时），从选择对话框里选择机器人。

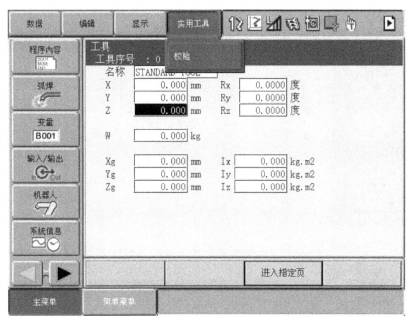

图 5-34　选择菜单的【实用工具】，弹出下拉菜单

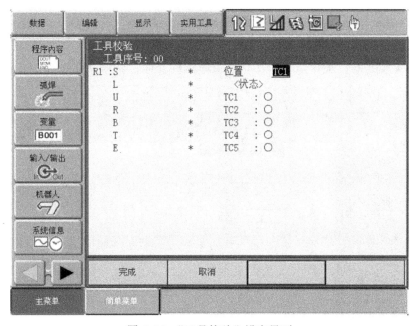

图 5-35　"工具校验"设定界面

5）选择【设定位置】，显示选择对话框，选择示教设定位置，如图 5-36 所示。

6）用[轴操作]键把工业机器人移动到所希望的位置。

7）按【修改】→【回车】，将当前控制点数据保存在 TC1 中。重复操作示教设定 TC2～TC5。

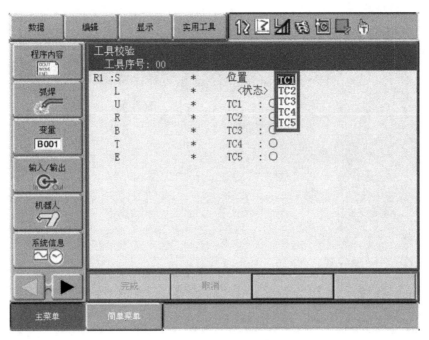

图 5-36　选择示教设定位置

注：① 界面中的"●"表示已保存（图中未示出），"○"表示未保存。

② 确认示教的位置时，显示 TC1～TC5 所希望的设定位置，按[前进]键，工业机器人移动到相应位置。

③ 工业机器人的现在位置和在界面中显示的位置数据不同时，设定位置的"TC*"的显示熄灭。

8）选择【完成】，示教结束，并显示工具坐标界面，如图 5-37 所示。

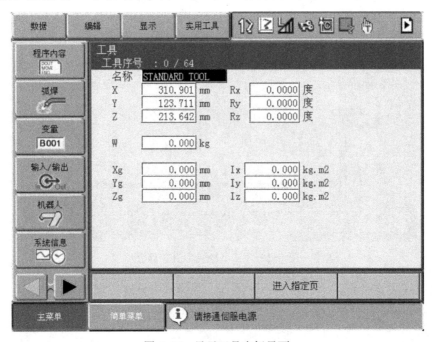

图 5-37　显示工具坐标界面

### 5.3.3　工具坐标系数据的删除

进行新的工具校准时，要初始化工业机器人信息及校准数据。

1）在工具校准设定界面，选择菜单的【数据】，弹出下拉菜单，如图 5-38 所示。

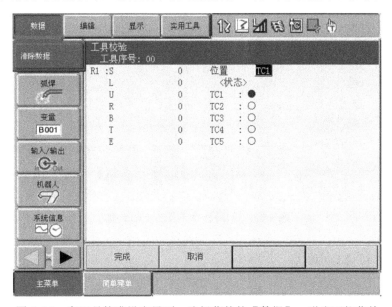

图 5-38　在工具校准设定界面，选择菜单的【数据】，弹出下拉菜单

2）选择【清除数据】，显示确认对话框，如图 5-39 所示。

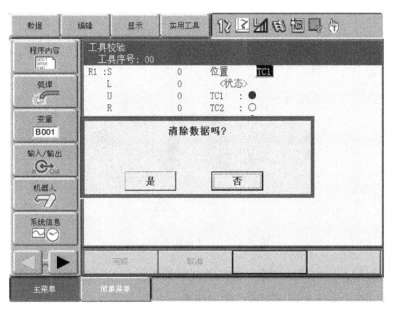

图 5-39　选择【清除数据】，显示确认对话框

3）选择【是】，删除选择工具的全部数据，如图 5-40 所示。

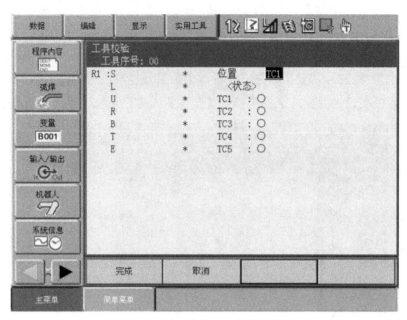

图 5-40　删除选择工具的全部数据

### 5.3.4　工具坐标系的确认

用关节坐标系以外的坐标系进行控制点不变的操作，确认控制点的输入是否正确，如图 5-41 所示。

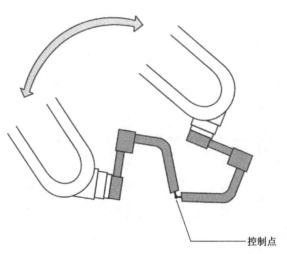

图 5-41　工具坐标系的确认

1）按示教编程器上的[坐标]键，选择"关节坐标系"以外的坐标系，如图 5-42 所示。

2）用[翻页]键翻页，并通过[选择]键选中希望的工具编号。

3）使用[轴操作]键转动 R、B、T 轴，工业机器人运动 R、B、T 轴时，控制点不动，只改变其姿态。操作结束后，当操作点的误差较大时，必须重新示教工具坐标系，如图 5-43 所示。

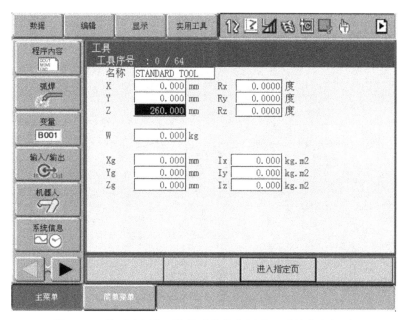

图 5-42　按[坐标]键，选择"关节坐标系"以外的坐标系

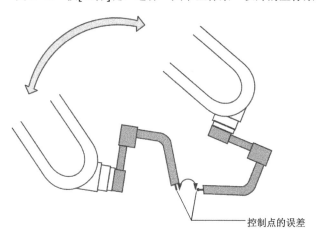

图 5-43　操作点的误差较大重新示教工具坐标系

## 5.3.5　工具重心位置测量

工具重心位置测量功能，是指对于工具重量的信息，即重量和重心位置能够进行简单登录的功能。利用此功能，工具的重量和重心位置被自动测定并登录在工具文件中（注：此功能适用于工业机器人设置安装对地角度为 0 时）。

测定重量、重心位置时，把工业机器人移到基准位置（U、B、R 轴在水平位置），然后操作 U、B、T 轴，使其动作，如图 5-44 所示。

1）选择【实用工具】，如图 5-45 所示。

2）选择【重心位置测量】，显示"重心位置测量"界面，如图 5-46 所示。

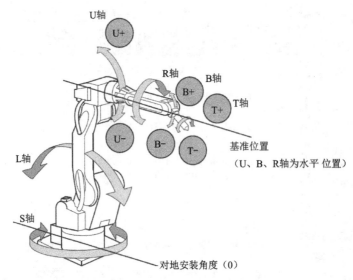

图 5-44　工具重心位置测量

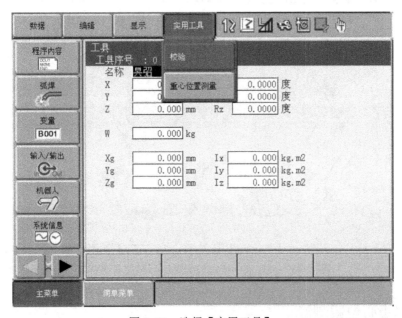

图 5-45　选择【实用工具】

3）按[翻页]键，在有多台工业机器人的系统中，用[翻页]键及[选择]键切换对象控制组。

4）按[前进]键。第一次按[前进]键，把工业机器人移到基准位置（U、B、R 轴为水平位置）。

5）再次按[前进]键。第二次按[前进]键，开始进行测定。按照以下步骤操作工业机器人。测定完成的项目，从"○"变为"●"。

① 测定 U 轴：U 轴基准位置+4.5°→-4.5°。

② 测定 B 轴：B 轴基准位置+4.5°→-4.5°。

③ 第一次测定 T 轴：T 轴基准位置+4.5°　→-4.5°。

④ 第二次测定 T 轴：T 轴基准位置+60°　→+4.5°　→-4.5°。

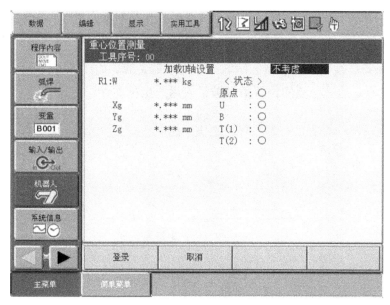

图 5-46　"重心位置测量"界面

当全部测定结束时，所有的"○"转变成"●"，测定数据在界面中显示，如图 5-47
所示。

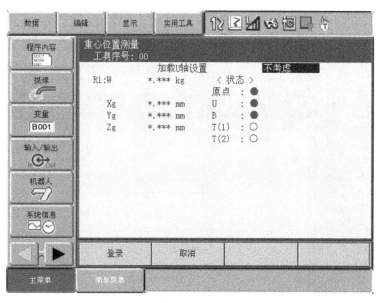

图 5-47　测定数据在界面中显示

6）选择【登录】，测定数据在工具文件中登录，显示工具坐标界面。选择【取消】时，
测定数据不在工具文件中登录，显示工具界面。

## 5.4 用户坐标系的设定

用户坐标系最多可输入 63 个，每个用户坐标系有一个坐标号（1～63）作为一个用户坐标系文件被调用。

用户坐标系是以操作工业机器人示教三个点来定义的。如图 5-48 所示，ORG、XX、XY 为三个定义点。这三个点的位置数据被输入用户坐标文件。

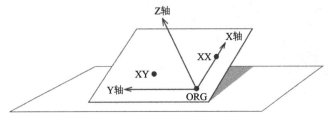

图 5-48　用户坐标系

用户坐标系定义：

ORG：用户坐标系的原点（需要准确示教）。

XX：用户坐标系 X 轴上的点（需要准确示教）。

XY：用户坐标系 XY 平面上的点，此点定位后可以决定 Y 轴和 Z 轴的方向。

### 5.4.1 用户坐标系的设定步骤

1）选择主菜单的【机器人】→【用户坐标】，显示"用户坐标"界面，如图 5-49 所示。

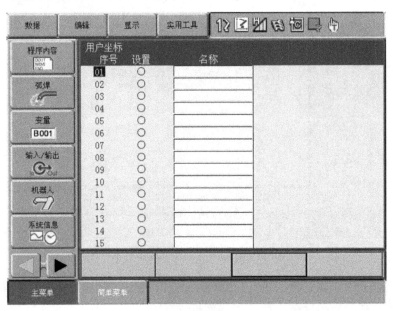

图 5-49　"用户坐标"界面

① 用户坐标已被设定的情况下，"设置"显示为"●"。

② 确认设定的坐标值时，选择菜单的【显示】→【坐标数据】，显示用户坐标值界面，如图 5-50 所示。

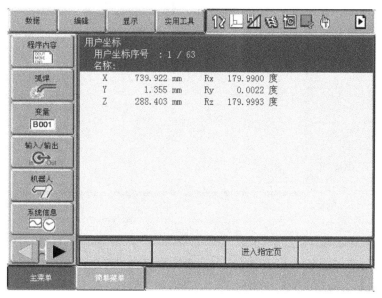

图 5-50　用户坐标值界面

2）选择想要的用户坐标号码。

3）选择工业机器人，选择对象工业机器人（如果是一台工业机器人或已选择了工业机器人时，将不必进行此项操作）。选择用户坐标示教界面的"*"，从选择对话框中选择对象工业机器人，如图 5-51 所示。

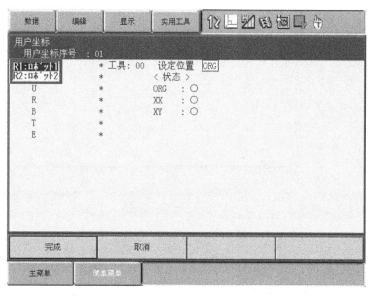

图 5-51　从选择对话框中选择对象工业机器人

4）选择"设定位置"，显示选择对话框，选择示教的设定位置，如图 5-52 所示。

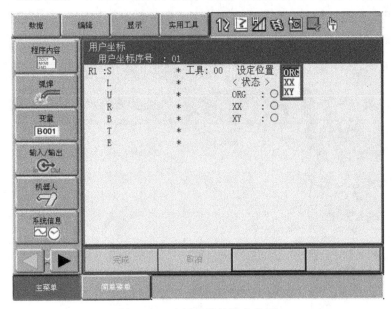

图 5-52　选择示教的设定位置

5）通过[轴操作]键将工业机器人移动到想要到的位置。

6）按[修改]→[回车]键，保存示教位置。重复 4）～6）的操作，对 ORG、XX、XY 各点进行示教，如图 5-53 所示。

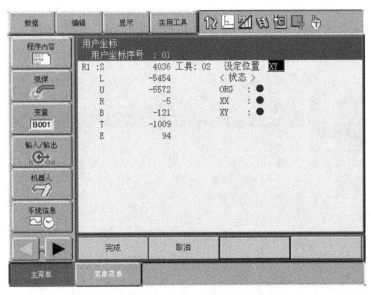

图 5-53　对 ORG、XX、XY 各点进行示教

确认示教完的位置时，显示出 ORG 至 XY 中所想要的设定位置。按[前进]键使工业机器人向该位置移动。当工业机器人当前位置与界面中显示的位置数据不同时，设定位置的

ORG、XXXY 为闪烁状态。

7）单击【完成】，建立完用户坐标，保存用户坐标文件。设定完成将显示"用户坐标"界面，如图 5-54 所示。

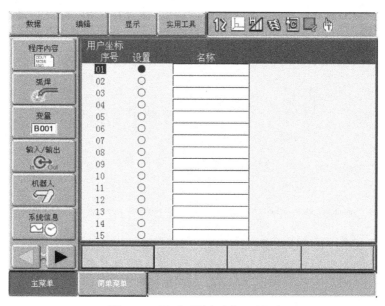

图 5-54　显示"用户坐标"界面

## 5.4.2　用户坐标系数据的删除

按以下步骤操作，设定的用户坐标系数据就被清除。

1）选择菜单下的【数据】→【清除数据】，弹出清除数据确认对话框，如图 5-55 所示。

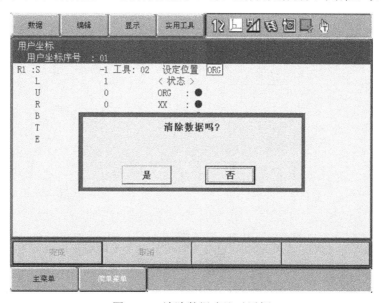

图 5-55　清除数据确认对话框

2）选择"是"，全部数据被清除，如图 5-56 所示。

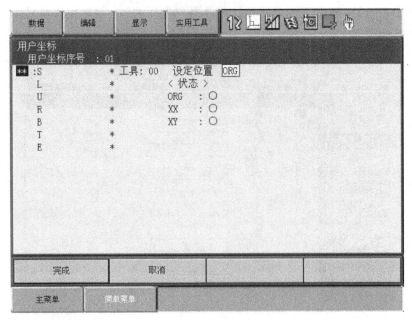

图 5-56　数据被删除

## 5.5　再现速度设定值的修改

1）选择主菜单的【设置】→【再现速度登录】，显示再现速度设置界面，如图 5-57 所示。

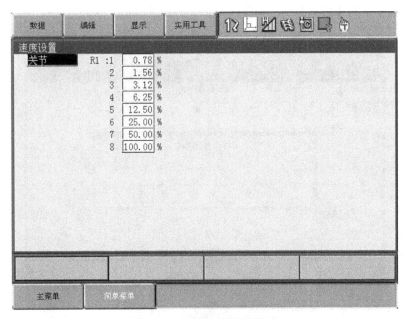

图 5-57　再现速度设置界面

2）按[翻页]键，选择想要控制的轴组。有多台工业机器人和工装轴的系统，用[翻页]键切换控制轴组，如图 5-58 所示。

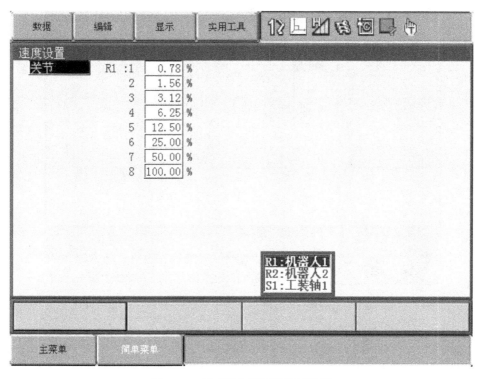

图 5-58　用[翻页]键切换控制轴组

3）选择"关节"或"直线/圆弧"，速度形式从"关节"到"直线/圆弧"交替切换，如图 5-59 所示。

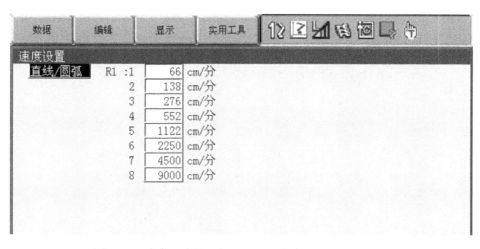

图 5-59　速度形式从"关节"到"直线/圆弧"交替切换

4）选择要修改的速度，进入数值输入状态。

5）输入修改的速度数值，并按[回车]键确认修改，如图 5-60 所示。

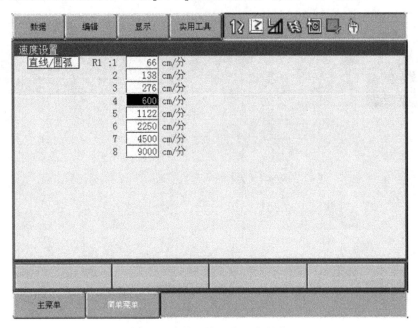

图 5-60　输入修改的速度数值

# 示教编程及再现步骤

## 6.1 常用运动指令及附加项说明

### 6.1.1 关节插补 MOVJ

工业机器人以最快的方式从起始点运动到目标点，中间运行轨迹不确定，如图 6-1 所示。

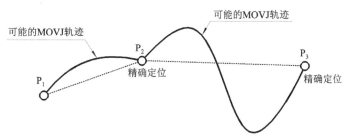

图 6-1 关节插补 MOVJ

1）MOVJ 原理，如图 6-2 所示。

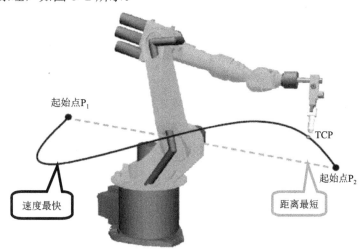

图 6-2 MOVJ 原理

2）关节插补使用示例，如图 6-3 所示。

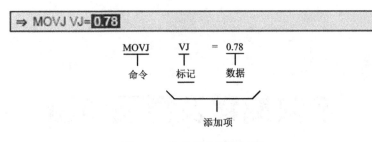

图 6-3　关节插补使用示例

3）关节插补速度调节，如图 6-4 所示。

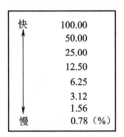

图 6-4　关节插补速度调节

## 6.1.2　直线插补 MOVL

工业机器人由末端沿直线运动到指定位置。姿态、轨迹确定步骤如下。

1）确定轨迹，如图 6-5 所示。

图 6-5　确定轨迹

2）确定姿态，如图 6-6 所示。

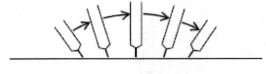

图 6-6　确定姿态

3）MOVL 原理，如图 6-7 所示。

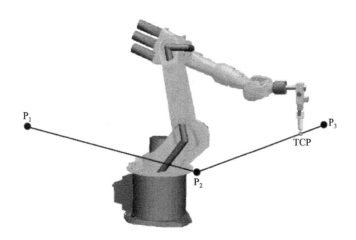

图 6-7　MOVL 原理

4）直线插补使用示例，如图 6-8 所示。

⇒ MOVL V=**660**

图 6-8　直线插补使用示例

5）直线插补速度调节，如图 6-9 所示。

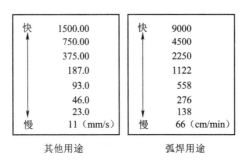

图 6-9　直线插补速度调节

### 6.1.3　圆弧插补 MOVC

工业机器人由末端沿圆弧运动到指定位置，姿态不定、轨迹确定，如图 6-10 所示。

图 6-10　圆弧插补 MOVC

（1）MOVC 原理图　如图 6-11 所示。

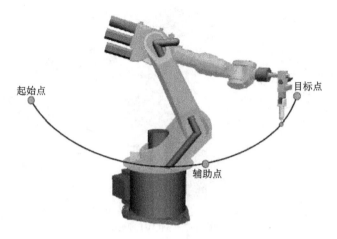

起始点　目标点　辅助点

图 6-11　MOVC 原理

（2）使用示例

1）单一圆弧。当圆弧只有一个时，如图 6-12 所示，用圆弧插补示教 $P_1 \sim P_3$ 的 3 个点。若用关节插补或直线插补示教进入圆弧前的 $P_0$，则 $P_0 \sim P_1$ 的轨迹自动为直线。

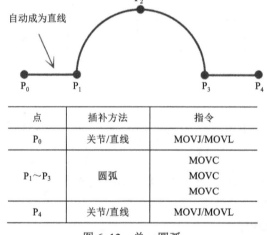

自动成为直线

| 点 | 插补方法 | 指令 |
|---|---|---|
| $P_0$ | 关节/直线 | MOVJ/MOVL |
| $P_1 \sim P_3$ | 圆弧 | MOVC<br>MOVC<br>MOVC |
| $P_4$ | 关节/直线 | MOVJ/MOVL |

图 6-12　单一圆弧

2）连续圆弧。当有多个不同的圆弧相接时，将圆弧分解为多个逐一示教。因此，须在圆弧相接的点位置加入一个关节或直线插补的点，如图 6-13 所示。

（3）速度调节　MOVC 的速度设定与直线插补相同。

　　$P_1 \sim P_2$ 间按 $P_2$ 的速度运动，$P_2 \sim P_3$ 按 $P_3$ 的速度运动。另外，若用高速示教圆弧动作，实际运动的圆弧轨迹要比示教的圆弧小。

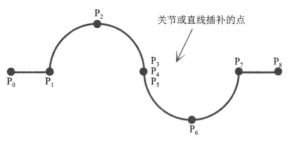

| 点 | 插补方法 | 指令 |
|---|---|---|
| $P_0$ | 关节/直线 | MOVJ/MOVL |
| $P_1 \sim P_3$ | 圆弧 | MOVC<br>MOVC<br>MOVC |
| $P_4$ | 关节/直线 | MOVJ/MOVL |
| $P_5 \sim P_7$ | 圆弧 | MOVC<br>MOVC<br>MOVC |
| $P_8$ | 关节/直线 | MOVJ/MOVL |

图 6-13　单一圆弧

## 6.1.4　自由曲线插补 MOVS

在工厂实际作业过程中经常会遇到不规则的曲线，在示教过程中采用 MOVC 会很烦琐，采用 MOVS 指令示教不规则的曲线可使示教工作简化。其轨迹为通过 3 个点的抛物线。

### 1. 单一自由曲线

如图 6-14 所示，用自由曲线插补示教 $P_1 \sim P_3$ 的 3 个点。用关节插补或直线插补示教进入自由曲线前的 $P_0$ 点，$P_0 \sim P_1$ 的轨迹自动为直线。

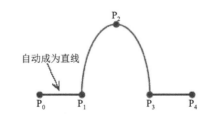

| 点 | 插补方法 | 指令 |
|---|---|---|
| $P_0$ | 关节/直线 | MOVJ/MOVL |
| $P_1 \sim P_3$ | 自由曲线 | MOVS<br>MOVS<br>MOVS |
| $P_4$ | 关节/直线 | MOVJ/MOVL |

图 6-14　单一自由曲线

### 2. 连续自由曲线

用重合抛物线合成建立轨迹。与圆弧插补不同，两个自由曲线的连接处不能是同一点，如图 6-15 所示。

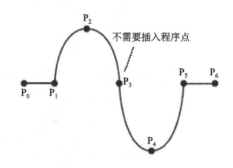

| 点 | 插补方法 | 指令 |
|---|---|---|
| P₀ | 关节/直线 | MOVJ/MOVL |
| P₁～P₅ | 自由曲线 | MOVS<br>MOVS<br>MOVS<br>MOVS<br>MOVS |
| P₆ | 关节/直线 | MOVJ/MOVL |

图 6-15　连续自由曲线

在重合抛物线的情况下，建立合成轨迹，如图 6-16 所示，程序将按实线轨迹运行。

1）程序点示教时须保证 3 个点间距基本相等，若 3 个点间距差别很大，再现时就会发生错误，工业机器人运动轨迹难以预测。

2）程序点示教时，保证程序点间距离比 n:m 为 0.25～0.75，如图 6-17 所示。

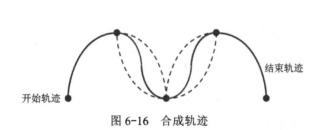

图 6-16　合成轨迹　　　　　　　　图 6-17　程序点间距离比

## 6.1.5　附加项——位置等级

位置等级是指工业机器人经过示教点时的接近程度。可用在关节插补 MOVJ 和直线插补 MOVL 命令中，如图 6-18 所示。

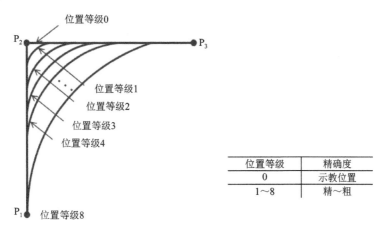

| 位置等级 | 精确度 |
|---|---|
| 0 | 示教位置 |
| 1～8 | 精～粗 |

图 6-18　位置等级与轨迹精度的关系

要使位置等级默认为不显示时，选择下拉菜单【编辑】中的【位置等级标记有效】即可。未设定位置等级时的精度，可随动作速度的变化而变化。工业机器人可在与周围环境或工件吻合的轨迹上运行。

设定位置等级后，工业机器人不再精确地到达程序的示教点，因此没有停顿，可减少损耗，缩短生产节拍。

使用位置等级：

1）将光标移动到命令处，按【选择】键，进入"详细编辑"界面，如图 6-19 所示。

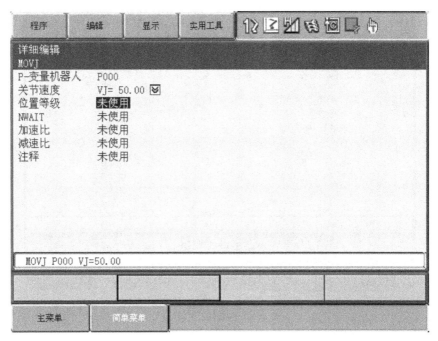

图 6-19　"详细编辑"界面

2）选择"位置等级"后的"未使用"，如图 6-20 所示，显示选择对话框。

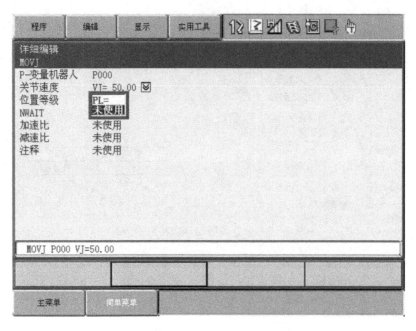

图 6-20  选择"位置等级"后的"未使用"

3）选择"PL="，如图 6-21 所示。

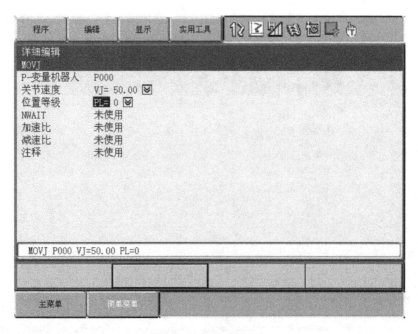

图 6-21  选择"PL="

4）按[回车]键确认，如图 6-22 所示。

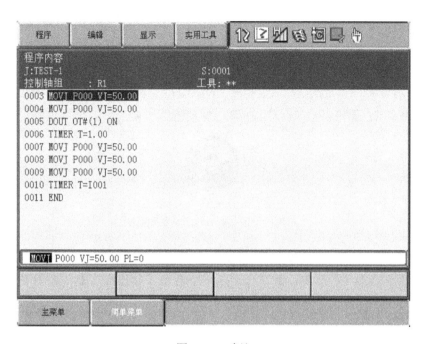

图 6-22　确认

5）再次按[回车]键，将更改输入。

使用示例如图 6-23 所示。

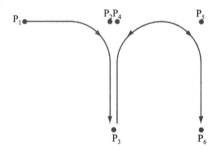

图 6-23　使用示例

程序路径：$P_1$ 经过 $P_2$，到达 $P_3$，经过 $P_4$、$P_5$、到达 $P_6$；其中 $P_2$、$P_4$、$P_5$ 为经过点，$P_1$、$P_3$、$P_6$ 为作业点，需准确到达。按下面设置位置等级可达到图 6-23 所示效果。

MOVJ　VJ=20%　PL=0　　//关节插补运动到 $P_1$ 点
MOVL　VL=100　PL=5　　//直线插补运动到 $P_2$ 点
MOVL　VL=100　PL=0　　//直线插补运动到 $P_3$ 点
MOVL　VL=100　PL=5　　//直线插补运动到 $P_4$ 点
MOVL　VL=100　PL=5　　//直线插补运动到 $P_5$ 点
MOVL　VL=100　PL=0　　//直线插补运动到 $P_6$ 点

## 6.2 新建程序

开始示教前，先进行[急停]键确认，确保按下[急停]键后能断掉使能且工业机器人停止动作。然后将示教编程器上的[模式]键对准"TEACH"，设定为示教模式，如图 6-24 所示，并按下[伺服准备]键(如果不按[伺服准备]键，即使握住安全开关，伺服电源也不会接通）。

图 6-24　设定为示教模式

新建程序步骤如下：

1）在主菜单选择【程序】，然后在子菜单中选择【新建程序】，如图 6-25 所示。

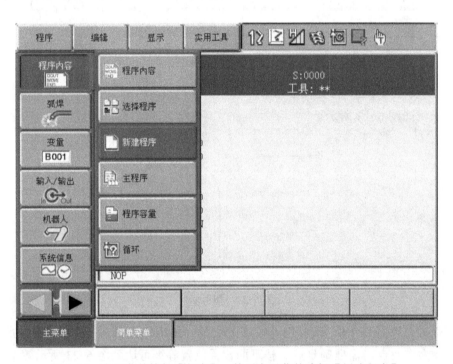

图 6-25　在主菜单选择【程序】，然后在子菜单选择【新建程序】

2）显示"新建程序"界面后按[选择]键，如图 6-26 所示。

3）在"程序名称"中，输入程序名。程序名称最多可输入半角 32 个字符，可使用的文字包括数字、英文字母、符号、片假名和平假名。程序名称可混合使用这些文字符号。若输入的程序名称已被使用时，则提示输入错误。

4）输入完名称后按[回车]键，进入程序示教界面，如图 6-27 所示。

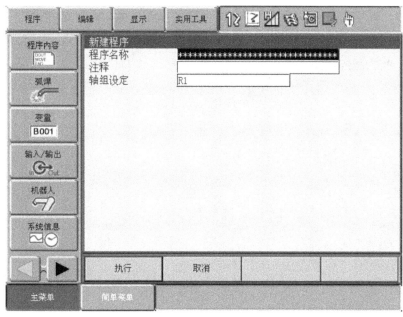

图 6-26　显示"新建程序"界面

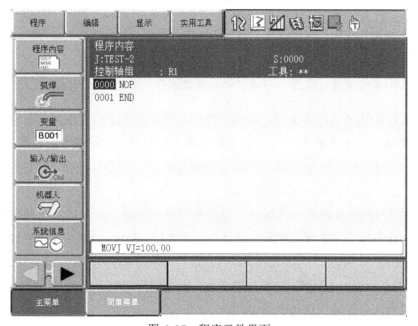

图 6-27　程序示教界面

## 6.3　编制程序

### 6.3.1　程序路径规划

在进行示教编程前，先对程序路径进行必要的规划，明确程序原点、辅助点、作业点的位置和顺序，以便在后续的示教编程中有明确的作业任务，方便编程。

如图 6-28 所示，$P_0$ 为程序原点，$P_1$ 为辅助点，$P_2$ 为焊接起始点，$P_3$ 为焊接结束点，$P_4$ 为辅助点，$P_5$ 为程序结束点。

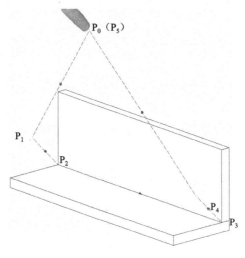

图 6-28　程序路径规划

将 $P_0$ 和 $P_5$ 示教到同一位置，可减少辅助轨迹的等待时间，从而缩短生产节拍。

以上对程序的轨迹进行了规划，明确了控制点的运动轨迹，在前面的章节中我们学习了常用的运动指令 MOVJ 和 MOVL，下面对这两个运动指令在此例中的用法进行介绍。

$P_0 \rightarrow P_1$：控制点从 $P_0$ 运动到 $P_1$ 的轨迹，为辅助轨迹，不需要进行精确控制，因此选择 MOVJ 指令，工业机器人以最快的速度到达 $P_1$ 点。

$P_1 \rightarrow P_2$：进行作业区域的辅助轨迹，但在狭窄的空间里，最好能够精确地控制工业机器人的轨迹，以免和工件或者工装发生碰撞，因此选择 MOVL 指令，工业机器人以确定的轨迹到达 $P_2$ 点。

$P_2 \rightarrow P_3$：作业轨迹，从图 6-28 中可以看出，此处需要控制点走直线，因此选择 MOVL 指令，工业机器人以确定的轨迹到达 $P_3$ 点。

$P_3 \rightarrow P_4$：退出作业区域的辅助轨迹，建议用 MOVL 指令，可精确控制控制点的轨迹，避免碰撞，在确保不会发生碰撞时也可使用 MOVJ 指令。

$P_4 \rightarrow P_5$：返回程序原点，采用 MOVJ 指令。

## 6.3.2　程序输入

1）按之前章节方法新建程序，并进入程序示教界面，如图 6-29 所示。

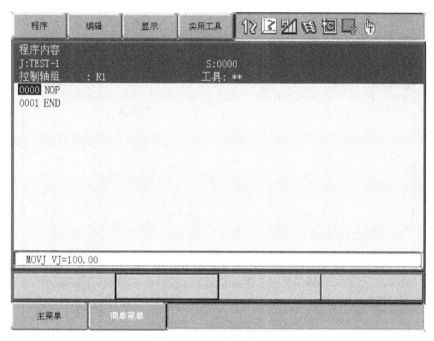

图 6-29　程序示教界面

2）旋转[模式]键，将模式切换为"TEAC"示教模式。

3）按示教编程器上的[坐标]键，将工业机器人参考坐标系切换为直角坐标系，如图 6-30 所示。

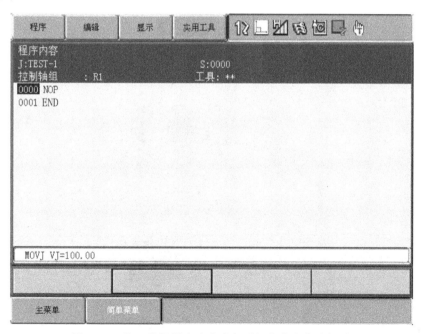

图 6-30　将工业机器人参考坐标系切换为直角坐标系

4）按速度选择键的[低]键，将速度设置为中速，如图 6-31 所示。

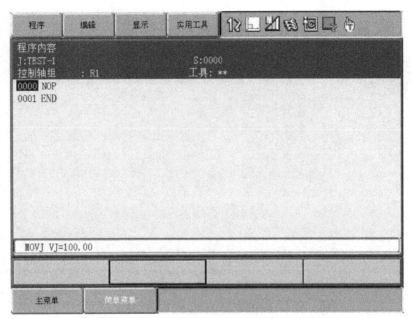

图 6-31　将工业机器人速度设为中速

5）示教程序的第一个点 $P_0$。通过[轴操作]键，如图 6-32 所示，将工业机器人移动到程序原点 $P_0$ 位置，并调整工业机器人的姿态，如图 6-33 所示。

图 6-32　[轴操作]键

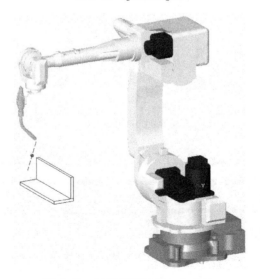

图 6-33　示教程序的第一个点 $P_0$

6）按示教编程器上的[插补方式]键切换运动指令，第一个点用 MOVJ，如图 6-34 所示。

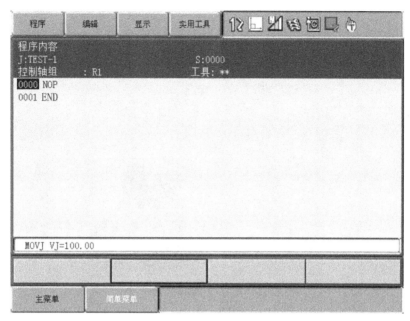

图 6-34 切换运动指令

7）设置速度。按[选择]键，光标跳至命令输入行，并按[方向]键，将光标移至数值上后按[选择]键，速度变为可输入状态，输入数值，按[回车]键，输入 MOVJ 指令，如图 6-35 所示。

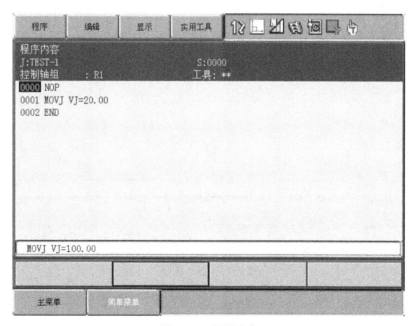

图 6-35 设置速度

8）示教程序的第二个点 $P_1$。通过[轴操作]键，将工业机器人移动到 $P_1$ 点，并调整工业机器人的姿态，如图 6-36 所示。

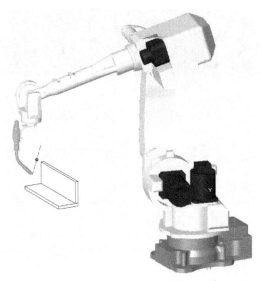

图 6-36　示教程序的第二个点 $P_1$

9）$P_1$ 点运用的移动指令与 $P_0$ 相同，不需要再设置插补方式，直接按[回车]键，输入指令，如图 6-37 所示。

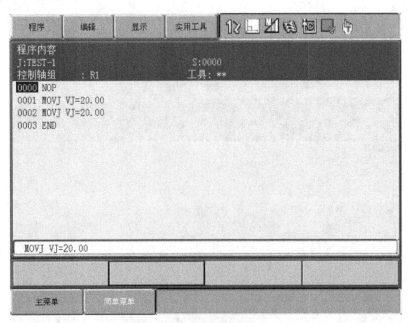

图 6-37　输入指令

10）示教程序的第三个点 $P_2$。同样通过[轴操作]键，将机器人移动到 $P_2$ 点，并调整工业机器人的姿态，如图 6-38 所示。

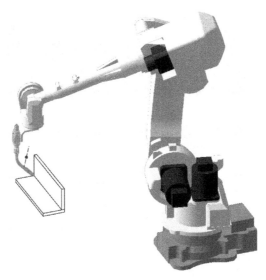

图 6-38　示教程序的第三个点 $P_2$

当控制点距目标点较近时，必须降低工业机器人的移动速度，慢慢地将控制点移至目标点。

按示教编程器上的[插补方式]键，将插补方式切换为 MOVL，并将速度设置为 100.0，如图 6-39 所示。

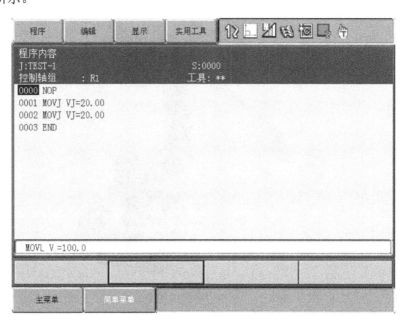

图 6-39　将插补方式切换为 MOVL，并将速度设置为 100.0

按[回车]键，输入指令，如图 6-40 所示。

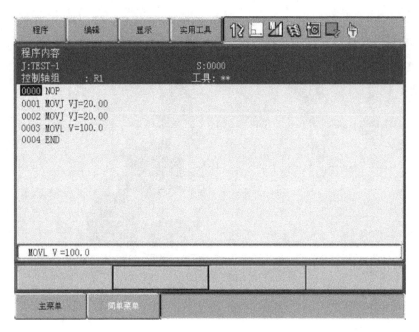

图 6-40　输入指令 2

11）示教程序的第四个点 $P_3$。通过[轴操作]键，将工业机器人移动到 $P_3$ 点，并调整工业机器人的姿态，如图 6-41 所示。

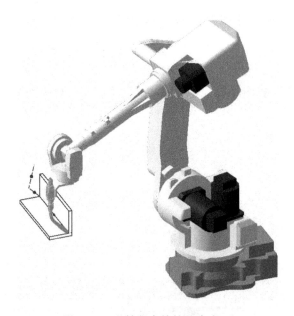

图 6-41　示教程序的第四个点 $P_3$

$P_2 \rightarrow P_3$ 仍需要确定轨迹，同样使用 MOVL 指令，直接按[回车]键，输入指令，如图 6-42 所示。

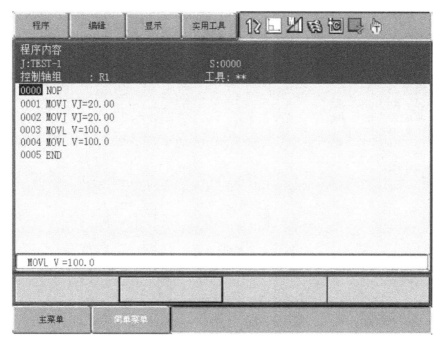

图 6-42　输入指令 3

12）示教程序的第五个点 $P_4$。通过[轴操作]键，将工业机器人移动到图 6-43 所示位置，并调整工业机器人的姿态。

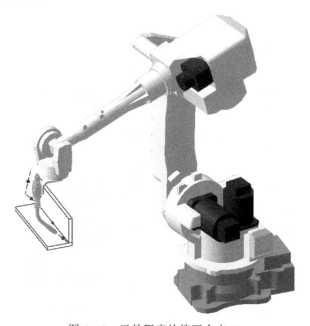

图 6-43　示教程序的第五个点 $P_4$

$P_3 \rightarrow P_4$ 仍需要确定轨迹，同样使用 MOVL 指令，直接按[回车]键，输入指令，如图 6-44 所示。

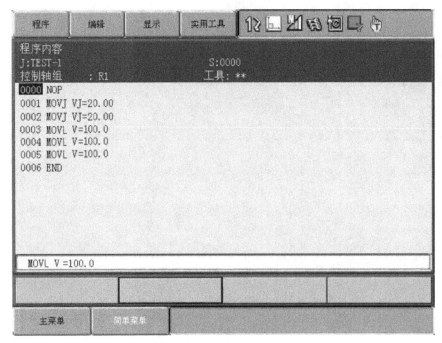

图 6-44　输入指令 4

13）示教程序结束点 $P_5$。因 $P_5$ 与 $P_0$ 是同一位置，将光标移至 $P_0$ 语句的行号处，按[前进]按钮，使工业机器人移动到 $P_0$，如图 6-45 所示。

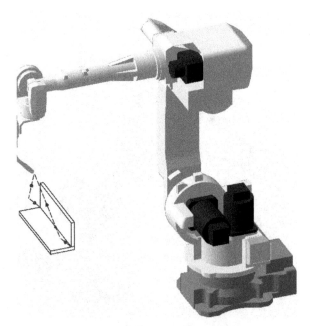

图 6-45　示教程序结束点 $P_5$

将光标移到程序结束行，按示教编程器上的[插补方式]键，切换到 MOVJ 指令，如图 6-46 所示。

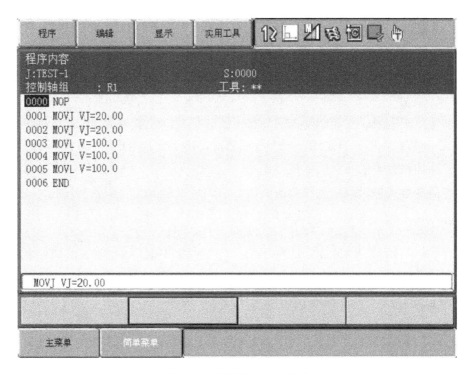

图 6-46　切换到 MOVJ 指令

按[回车]键，输入指令，如图 6-47 所示。

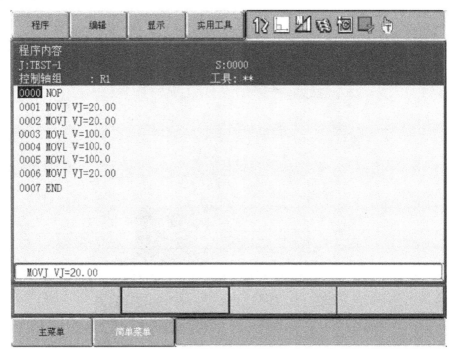

图 6-47　输入指令 5

## 6.4 程序验证与修改

### 6.4.1 程序验证

在前面章节中学习了程序的路径规划及程序的示教，并做出了一个完整可执行的程序 TEST-1（图 6-47）。但在真正运行一个程序之前，出于安全考虑，必须对程序进行验证，确保程序正确地按预设的点和轨迹进行运动。

目前有两种方式可对程序进行验证。

#### 1. 前进/后退

程序完成后，按着[前进]/[后退]键不放，工业机器人可按程序预设的插补方式进行移动直至目标点。

按[前进]/[后退]键：仅执行移动指令，且为逐点运动。

按[联锁]+[前进]键：执行所有指令，且为连续运动。

关于圆弧、曲线的前进和后退，请看工业机器人厂家说明书的详细说明，并严格遵照执行。

下面以图 6-48、图 6-49 所示程序为例进行验证说明。

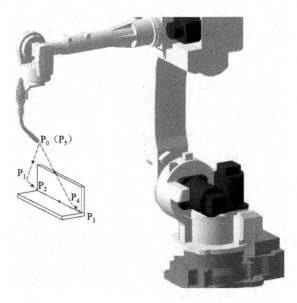

图 6-48 程序轨迹

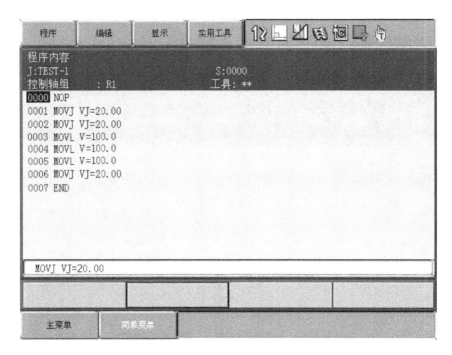

图 6-49　待验证程序

1）使用[光标]键，把光标移动到 $P_0$ 点（行 0001，如图 6-50 所示）。

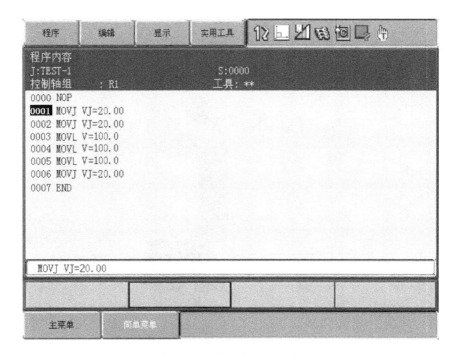

图 6-50　光标移动到 $P_0$ 点

2）按[前进]键，工业机器人不动作。当工业机器人原来位置就在目标点位置时，工业机器人不动作。

3）重新按[前进]键，光标自动跳到下一个移动指令，如图 6-51 所示。

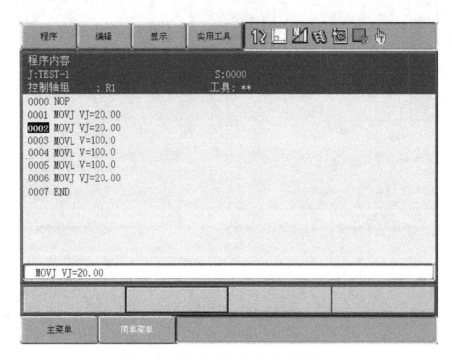

图 6-51　光标自动跳到下一个移动指令

4）按[前进]键，机器人从 $P_0$ 点运动到 $P_1$ 点，并按此方法对运动指令逐一确认，如图 6-52、图 6-53 所示。

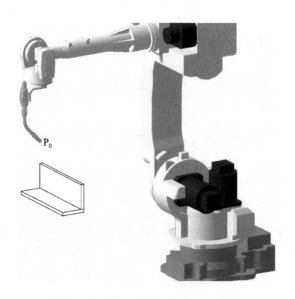

图 6-52　工业机器人从 $P_0$ 点运动到 $P_1$ 点

对运动指令逐一确认后，可用[联锁]键+[前进]键连续运行程序。将光标移至程序起始位置，将速度调至慢速，按[联锁]键+[前进]键，工业机器人即可连续执行，如图 6-54 所示。

按[联锁]键+[前进]键时，工业机器人执行所有指令，此时应严格遵照第 2 章安全中的规定。

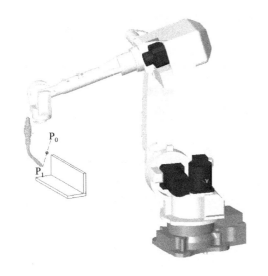

图 6-53 对运动指令逐一确认      图 6-54 机器人即可连续执行

### 2．试运行

试运行是指在示教模式下模拟程序自动运行的功能。执行试运行时的动作轨迹与程序自动运行时轨迹接近，所以试运行时，务必确保工业机器人附近没有干涉物，并小心运行工业机器人。

试运行功能在连续轨迹、各种命令的动作确认时使用，非常方便。但与程序自动运行动作有以下两点差异。图 6-55 所示为试运行和再现时的动作轨迹。

1）凡动作速度超过示教最高速度的，实际速度限制在示教最高速度内。

2）试运行不能执行引弧等作业命令。

试运行时的动作轨迹由于机械误差或控制的滞后，相比再现动作轨迹，会发生若干的轨迹误差。

仍以该程序为例，首先将光标移动到需要确认的程序行，按[联锁]键+[试运行]键，工业机器人开始从 $P_0$ 往 $P_1$ 点运动，直至松开[试运行]键或程序结束，如图 6-56 所示。

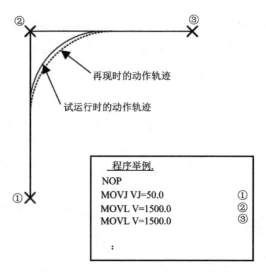

图 6-55　试运行和再现时的动作轨迹

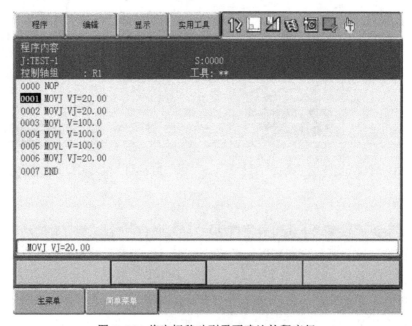

图 6-56　将光标移动到需要确认的程序行

按[联锁]键+[试运行]键，机器人开始运动后，可松开[联锁]键。

## 6.4.2　程序修改

### 1. 指令的插入

如图 6-57 所示，欲在 $P_2$ 与 $P_3$ 点之前插入一个点 $P_1$。

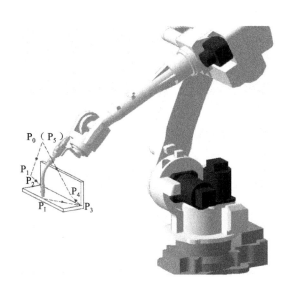

图 6-57　欲 $P_2$ 与 $P_3$ 点之前插入一个点 $P_1$

操作方法如下：

1）将光标移至欲插入位置的前一行，并将工业机器人通过[轴操作]键移动到 $P_1$ 点，如图 6-58 所示。

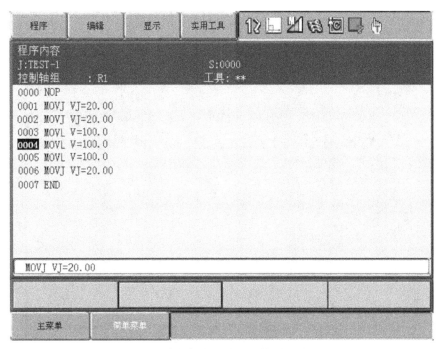

图 6-58　将光标移至欲插入位置的前一行

2）指令输入与普通操作有点区别，需要在按[回车]键前按[插入]键，界面如图 6-59 所示。

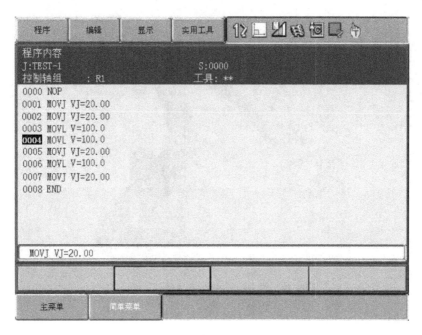

图 6-59　在按[回车]键前按[插入]键界面

## 2. 指令的删除

操作步骤如下：

1）欲删除上面插入的 $P_I$ 点，先将光标移至 $P_I$ 点的指令行，如图 6-60 所示。

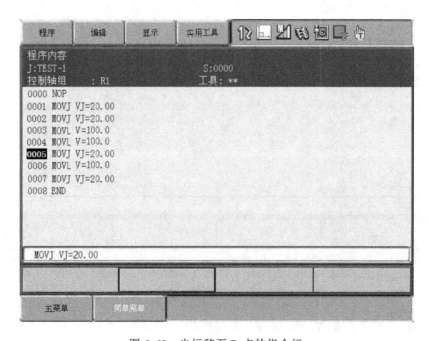

图 6-60　光标移至 $P_I$ 点的指令行

2）按示教编程器上的[删除]键，删除指示灯亮后，按[回车]键即可删除该指令，如图6-61所示。

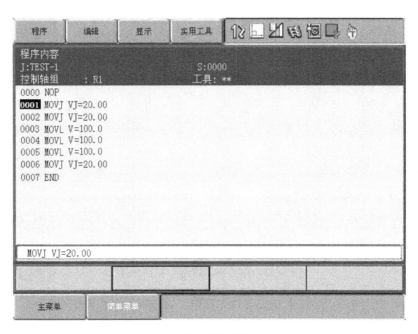

图6-61　删除该指令

### 3. 指令位置数据修改

如图6-62所示，欲将$P_3$点的位置移到$P_3'$。

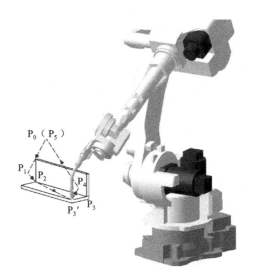

图6-62　欲将$P_3$点的位置移到$P_3'$

操作步骤如下：

1）将光标移至欲修改的指令行，如图6-63所示。

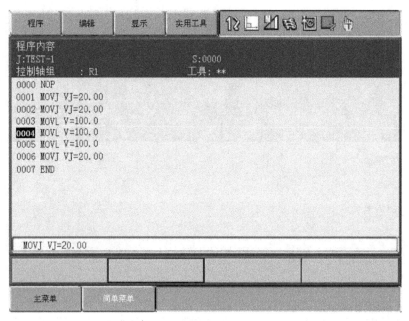

图 6-63　光标移至欲修改的指令行

2）按[插补方式]键，将插补方法改为 MOVL，并修改速度 V=100.0。

3）通过[轴操作]键，将工业机器人移到 P₃′处，如图 6-64 所示。

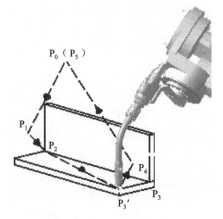

图 6-64　将工业机器人移到 $P_3'$ 处

4）按示教编程器上的[修改]键，指示灯亮后，按[回车]键确认，修改完成。

## 6.5　程序再现

### 6.5.1　程序再现步骤

1）调用前面章节做好的演示程序 TEST-1，如图 6-65 所示。

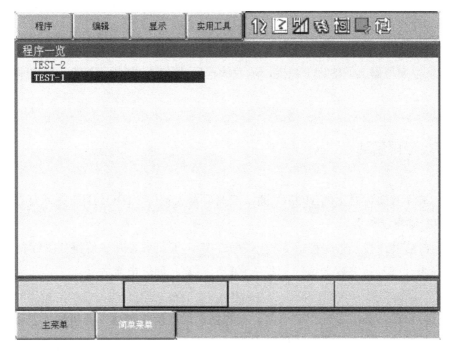

图 6-65　调用演示程序 TEST-1

2）选择调用程序，并进入程序界面，如图 6-66 所示。

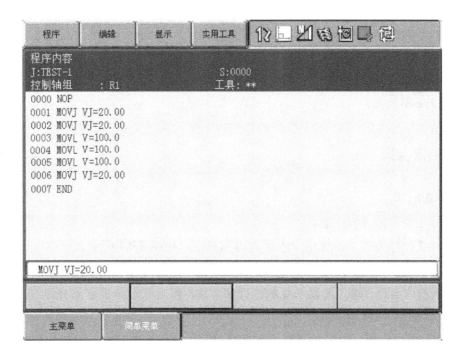

图 6-66　进入程序界面

3）确定工业机器人操作范围内无人员或其他潜在危险后，将[模式]键转到[PLAY]再现模式。

4）按[伺服准备]按钮，为工业机器人通电，伺服电源接通，准备灯亮。

5）按示教编程器上的[START]键，示教编程器的[START]指示灯亮，工业机器人开始动作。

### 6.5.2 停止与再启动

**暂停**：按示教编程器上的[HOLD]键，工业机器人暂停。[HOLD]键指示灯在按下期间亮，[START]键指示灯灭。

**暂停后再启动**：按示教编程器上的[START]键，工业机器人从暂停处继续往下运动。

**急停**：通过按示教编程器或控制柜上的[急停]键，伺服电源关闭，工业机器人立刻停止运动。

**急停后再启动**：急停后重新启动前，首先用前进等操作确认工业机器人位置，确认与工件、夹具等没有干涉。位置确认后，再重新启动。

连续程序点在高速再现过程中被急停后，工业机器人有时会在显示程序点前 1～3 个程序点附近停止。若在此位置重新启动，可能与工件、夹具发生干涉。

## 6.6 程序管理

### 6.6.1 程序复制

操作步骤如下：

1）选择主菜单的【程序】。

2）选择【程序内容】，弹出"程序内容"界面，如图 6-67 所示。

3）选择下拉菜单中的【程序】→【程序复制】，如图 6-68 所示。

4）输入程序名称。输入区显示复制原程序名称，可对原程序进行部分修改，以新的程序名称输入，如图 6-69 所示。

5）按[回车]键，弹出确认对话框，若选择"是"，程序被复制，出现新程序显示；若选择"否"，复制取消，如图 6-70 所示。

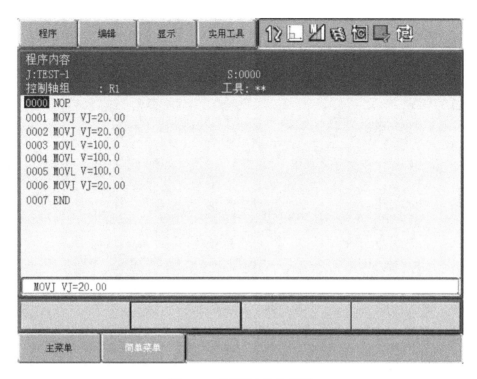

图 6-67　"程序内容"界面

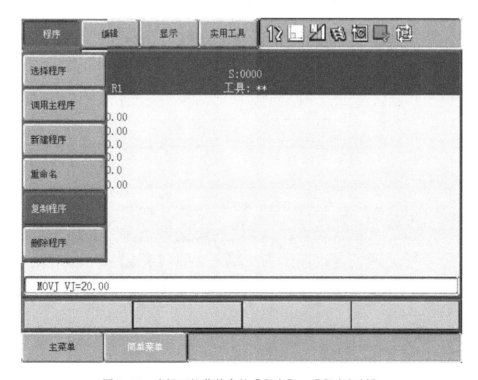

图 6-68　选择下拉菜单中的【程序】→【程序复制】

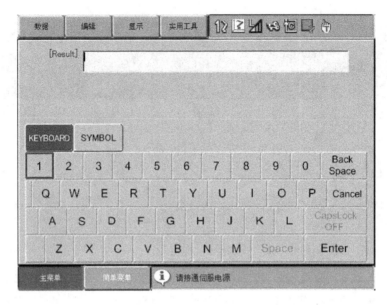

图 6-69　输入程序名称

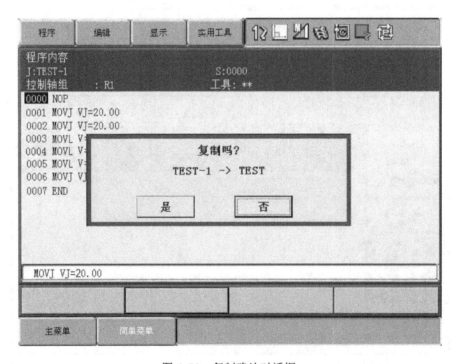

图 6-70　复制确认对话框

## 6.6.2　程序删除

操作步骤如下：

1）选择主菜单中的【程序】。

2）选择【程序内容】，弹出"程序内容"界面。

3）选择下拉菜单中的【程序】→【程序删除】，如图6-71所示。

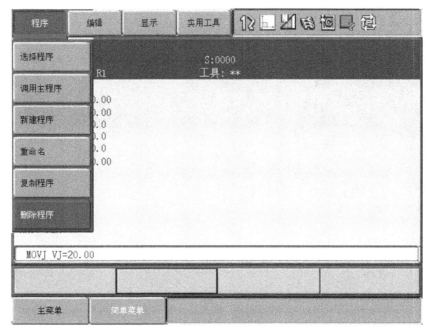

图 6-71　选择下拉菜单中的【程序】→【程序删除】

4）选择"是"，弹出删除确认对话框，如图6-72所示。若选择"是"，则程序被删除，删除完成后，显示程序一览界面；若选择"否"，取消删除。

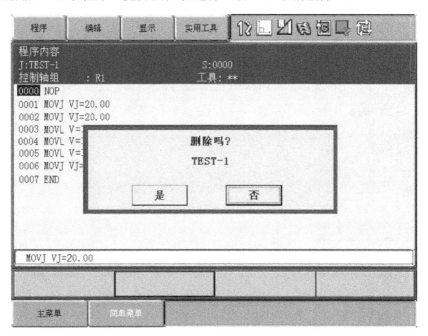

图 6-72　删除确认对话框

### 6.6.3 程序重命名

操作步骤如下：

1）选择主菜单中的【程序】。

2）选择【程序内容】，弹出"程序内容"界面，如图6-73所示。

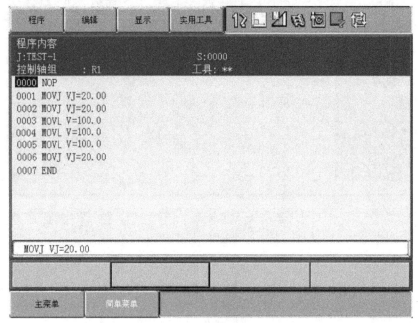

图6-73 "程序内容"界面

3）选择下拉菜单中的【程序】→【重命名】，如图6-74所示。

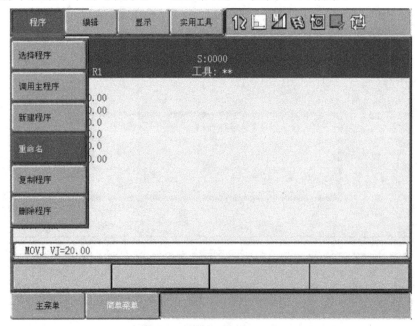

图6-74 选择下拉菜单中的【程序】→【重命名】

4）输入新程序名称。输入区已出现当前程序名称，可对该程序进行部分修改，并用新的程序名称命名，如图 6-75 所示。

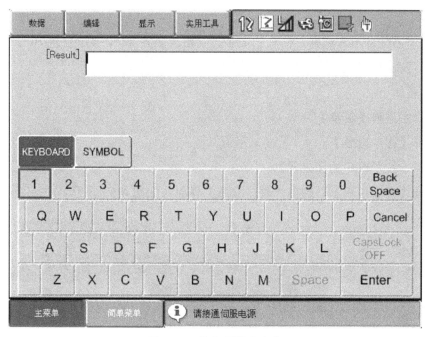

图 6-75 输入新程序名称

5）按[回车]键，显示重命名确认对话框。若选择"是"，程序名称被更改，同时显示新的程序名称；若选择"否"，重命名取消，如图 6-76 所示。

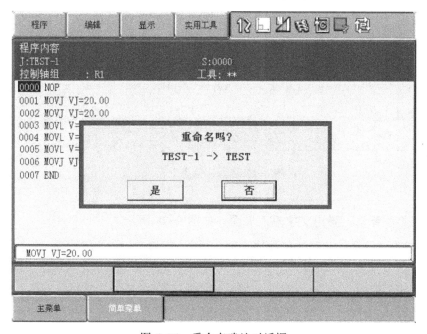

图 6-76 重命名确认对话框

### 6.6.4 程序注释

每个程序可任意增加注释，注释的文字、半角最多为 32 个（全角为 16 个）。注释的显示、编辑可在程序标题界面进行。

操作步骤如下：

1）选择主菜单【菜单】。

2）选择【程序内容】。

3）选择下拉菜单中的【显示】。

4）选择【程序信息】，弹出"程序信息"界面，如图 6-77 所示。

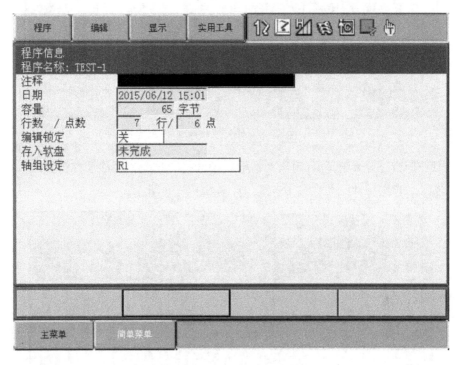

图 6-77 "程序信息"显示

5）选择"注释"，弹出文字输入界面，如图 6-78 所示。

6）输入注释，已登录注释后的程序在输入区显示当前注释。可对此注释进行局部更改，作为新的注释。

7）按[回车]键，输入条上的注释完成登录，并在"程序信息"界面的"注释"中显示，如图 6-79 所示。

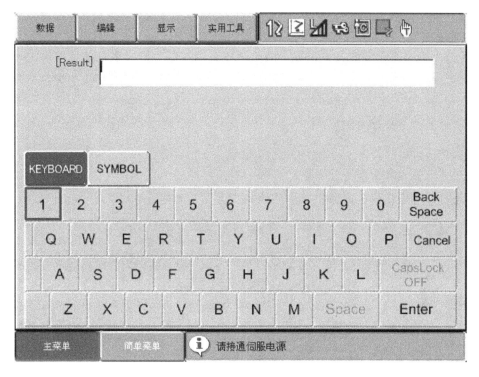

图 6-78 文字输入界面

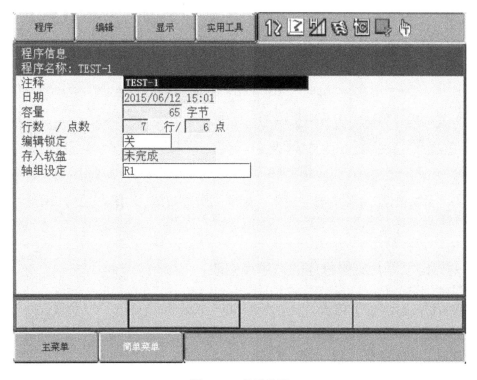

图 6-79 显示注释

### 6.6.5 程序的禁止编辑

为了防止程序或设定的各种数据不慎被更改，可对每个程序进行禁止编辑的设定。被设定为禁止编辑的程序，不仅在内容的编辑上，甚至连程序自身的删除都被禁止。禁止编辑的设定和解除可在各程序的"程序信息"界面进行。操作步骤如下：

1）选择主菜单的【程序】。

2）选择【程序内容】。

3）选择下拉菜单中的【显示】。

4）选择【程序信息】，弹出"程序信息"界面，如图 6-80 所示。

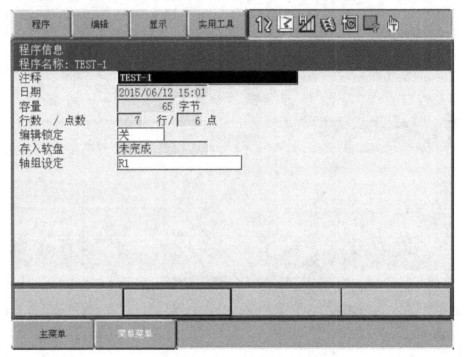

图 6-80 "程序信息"界面

5）在"编辑锁定"中设定禁止编辑。每按一次[选择]键，该程序的编辑锁定在"关"与"开"之间切换。

### 6.6.6 对设定了禁止编辑程序的程序点修改

即使对程序进行了禁止编辑的设定，也可以（仅限于）对程序点（位置数据）进行更改。操作步骤如下：

1）选择主菜单的【设置】。

2）选择【示教条件】，弹出"示教条件设定"界面，如图 6-81 所示。

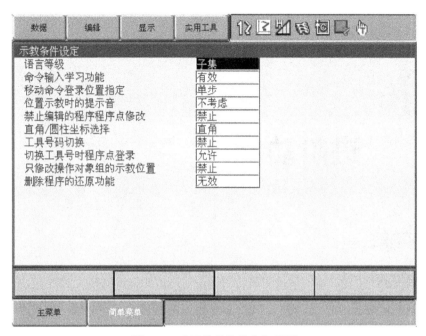

图 6-81　"示教条件设定"界面

3）将光标移动到"禁止编辑的程序程序点修改"，按[选择]键，每按一次[选择]键，在"禁止"与"允许"之间切换。

# 进阶功能

## 7.1  便利功能

### 7.1.1  直接打开

直接打开功能就是立即显示被 CALL 命令调用的程序或条件内容。将光标移动到程序名称或条件文件名称的所在行，按[直接打开]键，即可显示。

以下情况可使用直接打开功能。

1）程序：来自被指定程序名称的 CALL 命令。

2）条件文件：来自被指定文件名称的作业命令。

3）命令值：来自有位置数据的移动命令。

4）输入/输出：来自被指定输入/输出号的输入/输出命令。

**使用方法：**

1）在"程序内容"界面，将光标移动到有程序名称或有条件文件的行。

2）按[直接打开]键，该键指示灯亮，显示"程序内容"界面或"条件文件"界面；若再次按[直接打开]键，该键指示灯灭，返回原程序内容界面。

1）在直接打开功能正在执行的界面，不能反复执行直接打开的操作。

2）在直接打开的执行中，若移动到其他界面，直接打开状态将被自动解除，直接打开指示灯灭。

3）若使用直接打开功能打开另一个程序，原程序将不能继续运动。

### 7.1.2  平行移动功能

平行移动功能是指对象物体的各点进行等距离的移动。

122

如图 7-1 所示，移动量可用距离 L（三维坐标变位）表示。在示教作业时，通过将示教轨迹（或者位置）进行等距离的平移来降低示教作业工作量。

如图 7-2 所示的例子，通过将示教位置 A（工业机器人可识别的 XYZ 三维变位）分别平行移动距离 L，可实现在 B～G 中执行 A 点示教的作业。

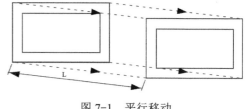

图 7-1　平行移动

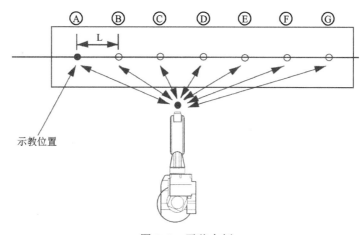

图 7-2　平移实例

## 1．程序点的平行移动

从 SFTON 命令到 SFTOF 命令是移动的对象区间，如图 7-3 所示。

| 行（程序点） | 命令 | |
| --- | --- | --- |
| 0000 | NOP | |
| 0001(001) | MOVJ VJ=50.00 | |
| 0002(002) | MOVL V=138 | |
| 0003 | SFTON P □□□　UF#(1) | |
| 0004(003) | MOVL V=138 | |
| 0005(004) | MOVL V=138 | |
| 0006（005） | MOVL V=138 | 被移动区间 |
| 0007 | SFTOF | |
| 0008(006) | MOVL V=138 | |

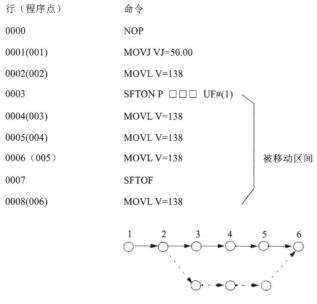

图 7-3　移动的对象区间

### 2．程序的平行移动

作业程序的平行移动，如图 7-4 所示。

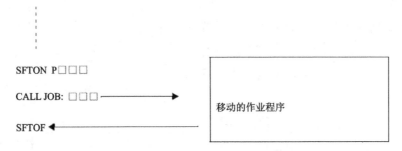

图 7-4  作业程序的平行移动

## 7.1.3  平行移动程序转换功能

示教后的作业程序，一旦工业机器人或工作台的位置发生移动，就要修改整个程序。平行移动程序转换功能，就是在上述情况发生时，为节省程序修改的时间，将程序所有的程序点或部分程序点按照同等的移动量平移，生成新的程序，如图 7-5 所示。

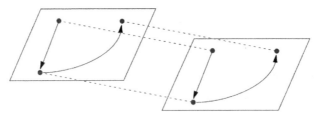

图 7-5  平行移动程序转换

实施平行移动程序转换后，程序所有点只平移同等的偏移量。

当不指定转换后的程序名时，一旦实施平行移动程序转换，程序位置数据被改写成移动转换后的位置数据。所以实施转换操作前，将程序用外部存储器保存或复制程序建立相同的程序。

## 7.1.4  PAM 功能

PAM 功能（Position Adjustment Manual，再现中的位置修改功能）是指不停止工业机器人的运动，一边观察工业机器人的运动状况，一边通过简单操作对程序点的位置等进行修改。示教/再现模式都可进行修改，可对示教位置、示教姿态、动作速度、位置等级等数据进行修改。

## 7.1.5  镜像转换功能

镜像转换功能可在左右对称作业时使用，还可在任意坐标（工业机器人坐标及用户坐标）的指定面（XY、XZ、YZ 面）执行镜像转换。镜像转换有关节坐标镜像转换、工业机器人坐标镜像转换、用户坐标镜像转换，如图 7-6 所示。

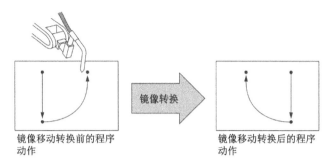

镜像移动转换前的程序
动作

镜像移动转换后的程序
动作

图 7-6　镜像转换

### 7.1.6　多界面功能

多界面功能可将通用显示区分割成最多 4 个界面同时显示。通用显示区可分割成 7 种不同形态的界面，可根据需要任意选择，如图 7-7 所示。

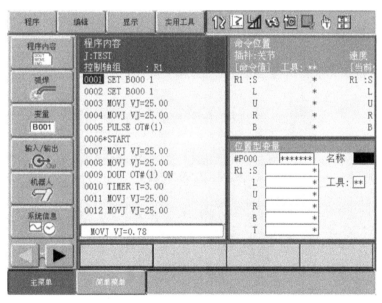

图 7-7　多界面功能

## 7.2　变量及使用

变量可用于记数、运算、输入信号数据的保存，可在程序中自由定义使用什么变量及何时使用。

变量按作用域可分为用户变量和局部变量。用户变量可在多个程序中使用，所以对于保存各程序通用数值及在程序间进行信息交互最为合适；局部变量的数据类型与用户变量相同，但仅声明（定义）它的程序可以使用，其他程序无法使用，可自由设定使用个数。变量类型及取值范围见表 7-1。

表 7-1　变量类型及取值范围

| 类　型 | 取　值　范　围 |
| --- | --- |
| 字节型 | 取值范围 0～255；可存储 I/O 状态；可进行逻辑运算（AND、OR 等） |
| 整型 | $-2^{15} \sim 2^{15}-1$ |
| 双精度型 | $-2^{31} \sim 2^{31}-1$ |
| 实数型 | $-3.4E+38 \sim 3.4E+38$ |
| 字符型 | 16 个字符 |
| 位置型 | 可用脉冲型或 XYZ 型保存位置数据；XYZ 型变量在移动命令中可作为目的地的位置数据，在平行移动命令中可作为增分值使用 |

# 7.3　报警与解除

## 7.3.1　报警的显示

动作中发生报警，示教编程器上显示"报警"界面，通知发生报警，工业机器人停止，如图 7-8 所示。

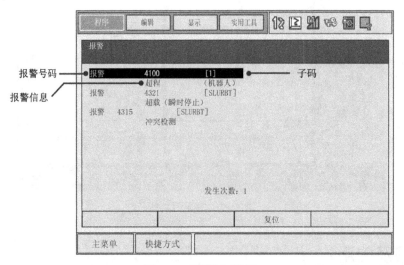

图 7-8　"报警"界面

如果同时发生多个报警，显示全部发生报警的信息。如果一个界面不能显示，用[光标]键翻页。报警中，能进行的操作是界面显示、模式切换、报警解除、急停。报警发生中，切换为其他界面时，单击主菜单的【系统报警】→【报警】，可以再次显示"报警"界面。

## 7.3.2　报警的解除

从大方面看，报警可以分为轻故障报警和重故障报警两种。两种报警的解除方法如下。

### 1. 轻故障报警

1）在"报警"界面上选择【复位】键，报警状态被解除。

2）从外部输入信号（专用输入）里进行报警复位时，把报警复位专用信号打开。

### 2. 重故障报警

1）发生硬件重故障报警时，伺服电源自动切断，工业机器人停止。

2）关闭主电源，解除报警主要原因后，再次接通电源。

# 工业机器人输入/输出

## 8.1 工业机器人输入/输出状态查看

### 8.1.1 通用输入状态查看

选择主菜单的【输入输出】→【通用输入】，弹出"通用输入"界面，如图 8-1 所示。

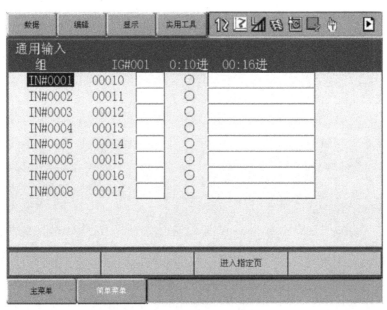

图 8-1 "通用输入"界面

### 8.1.2 通用输出状态查看

选择主菜单的【输入输出】→【通用输出】，显示"通用输出"界面，如图 8-2 所示。

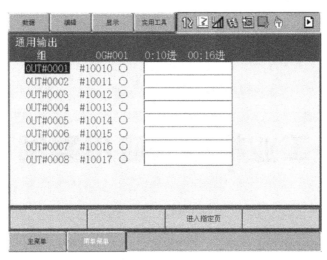

图 8-2　"通用输出"界面

## 8.2　改变工业机器人输出状态

在示教模式下，可修改通用输出信号的状态。操作方法如下：

1）按照 8.1.2 所述方法进入"通用输出"界面，如图 8-3 所示。

2）选择想修改状态的信号，把光标移动到想要修改信号的状态标志"○"或者"●"
上（●：打开状态；○：关闭状态）。

3）按[联锁]+[选择]键，改变状态。

图 8-3　"通用输出"界面

# 工业机器人应用案例

## 9.1 通用搬运案例

随着工业机器人应用的普及，它在劳动强度大、重复作业及一些危险应用领域使用越来越广泛。本例以安川 ES165D 工业机器人搬运钣金件来进行工业机器人搬运应用的讲解。

搬运多用于生产线转运、码垛、装箱及机床设备上下料，该类应用对工业机器人的轨迹精度要求较低，负载较大，需要点位精度满足工艺要求。抓取方式多采取夹爪、电磁铁、负压吸盘。本例抓取采用负压吸盘方式，如图 9-1 所示。

图 9-1　抓取采用负压吸盘方式

搬运过程轨迹一般采用 MOVL、MOVJ 指令进行示教。在抓取及放置点位，通过 I/O（输入/输出）指令控制吸盘抓取和放置工件。图 9-2 为机器人放置工件。

在执行示教作业前，应该首先进行程序规划和路径规划，即先将整个设备的作业流程梳理清楚，以减少在后续示教过程中出现错误和修改。本例动作流程为：工业机器人回到作业原点→到达预抓取位置→等待物料检测信号→到达抓取位置→移动工件→等待折弯机就绪信号→将工件送入折弯机工装→工业机器人发出折弯指令→折弯机作业→折弯机发出折弯完成信号→工业机器人取件→工业机器人放件（图9-3）→工业机器人回到作业原点。

图9-2　机器人放置工件

图9-3　工业机器人放件

本例所示工业机器人执行折弯机上下料作业，由搬运机器人、来料装置、抓具、工件检测装置、折弯机、工件重定位装置、工件翻转机构及成品框组成。

## 9.2　焊接案例

焊接是工业生产中非常重要的加工方式，同时由于焊接烟尘、弧光和金属飞溅的存在，焊接的工作环境非常恶劣，随着人工成本的逐步提升，以及人们对焊接质量的精益求精，焊接机器人得到了越来越广泛的应用。焊接机器人在高质、高效的焊接生产中发挥了极其重要的作用，其主要特点如下：

1）性能稳定、焊接质量稳定。焊接参数如焊接电流、电压、速度及焊接干伸长度等对焊接结果起决定性作用。人工焊接时，焊接速度、干伸长度等都是变化的，很难做到质量的均一性；采用工业机器人焊接，每条焊缝的焊接参数都是恒定的，焊缝质量受人为因素影响较小，降低了对工人操作技术的要求，焊接质量非常稳定。

2）改善了工人的劳动条件。采用工业机器人焊接后，工人只需要装卸工件，远离了焊接弧光、烟雾和飞溅等；点焊时，工人不再需要搬运笨重的手工焊钳，从大强度的体力劳动中解脱出来。

3）提高了劳动生产率。工业机器人可一天24h连续生产，随着高速、高效焊接技术的应用，使用工业机器人焊接，效率提高得更明显。

4）产品周期明确，容易控制产品产量。工业机器人的生产节拍是固定的，因此安排生产计划非常明确。

5）可缩短产品改型换代的周期，降低相应的设备投资。可实现小批量产品的焊接自动化。工业机器人与专机的最大区别就是它可以通过修改程序以适应不同工件的生产。

本案例是用安川工业机器人进行大型结构件焊接作业，如图9-4所示。

图9-4　安川工业机器人进行大型结构件焊接作业

工业机器人焊接系统主要由工业机器人行走导轨、工业机器人、焊接电源、焊枪、变位机及安全围栏组成。工业机器人焊接作业动作流程：工业机器人运动到预焊接位置→变位机将工件旋转到适合焊接的位置并发出到位信号→工业机器人焊接→工业机器人回到原点位置→变位机将工作旋转至下料姿态→变位机回到上料姿态。

在进行工业机器人焊接示教时，需要注意工件的相关属性及焊接工艺，应能根据焊接情况进行合理的设置，以保证焊接质量。

# 指令表

## 10.1 移动指令

移动指令见表 10-1。

表 10-1 移动指令

| | | | |
|---|---|---|---|
| **MOVJ** | 功能 | 以关节插补方式向示教位置移动 | |
| | 添加项目 | 位置数据、基座轴位置数据、工装轴位置数据 | 程序界面中不显示 |
| | | VJ=（再现速度） | VJ：0.01%～100% |
| | | PL=（定位等级） | PL：0～8 |
| | | NWAIT | |
| | | UNTIL 语句 | |
| | | ACC=（加速度调整比率） | ACC：20%～100% |
| | | DEC=（减速度调整比率） | DEC：20%～100% |
| | 示例 | MOVJVJ=50.00PL=2NWAITUNTILIN#（16）=ON | |
| **MOVL** | 功能 | 以直线插补方式向示教位置移动 | |
| | 添加项目 | 位置数据、基座轴位置数据、工装轴位置数据 | 程序界面中不显示 |
| | | V=（再现速度） | V：0.1～1500mm/s，1～9000cm/min |
| | | VR=（姿态的再现速度）<br>VE=（外部轴的再现速度） | R：0.1～180°/s<br>VE：0.01%～100% |
| | | PL=（定位等级） | PL：0～8 |
| | | CR=（转角半径） | CR：1.0～6553.5mm |
| | | NWAIT | |
| | | UNTIL 语句 | |
| | | ACC=（加速度调整比率） | ACC：20%～100% |
| | | DEC=（减速度调整比率） | DEC：20%～100% |
| | 示例 | MOVLV=138PL=0NWAITUNTILIN#（16）=ON | |

（续）

| | | | |
|---|---|---|---|
| MOVC | 功能 | 用圆弧插补形式向示教位置移动 | |
| | 添加项目 | 位置数据、基座轴位置数据、工装轴位置数据 | 程序界面中不显示 |
| | | V=（再现速度）、VR=（姿态的再现速度）、VE=（外部轴的再现速度） | 与 MOVL 相同 |
| | | PL=（定位等级） | PL：0～8 |
| | | NWAIT | |
| | | ACC=（加速度调整比率） | ACC：20%～100% |
| | | DEC=（减速度调整比率） | DEC：20%～100% |
| | 示例 | MOVCV=138PL=0NWAIT | |
| MOVS | 功能 | 以自由曲线插补形式向示教位置移动 | |
| | 添加项目 | 位置数据、基座轴位置数据、工装轴位置数据 | 程序界面中不显示 |
| | | V=（再现速度）、VR=（姿态的再现速度）、VE=（外部轴的再现速度） | 与 MOVL 相同 |
| | | PL=（定位等级） | PL：0～8 |
| | | NWAIT | |
| | | ACC=（加速度调整比率） | ACC：20%～100% |
| | | DEC=（减速度调整比率） | DEC：20%～100% |
| | 示例 | MOVSV=120PL=0 | |
| IMOV | 功能 | 以直线插补方式从当前位置按照设定的增量值移动 | |
| | 添加项目 | P（变量号）、BP（变量号）、EX（变量号） | |
| | | V=（再现速度）、VR=（姿态的再现速度）、VE=（外部轴的再现速度） | 与 MOVL 相同 |
| | | PL=（定位等级） | PL：0～8 |
| | | NWAIT | |
| | | BF、RF、TF、UF#（用户坐标号） | BF：基座坐标<br>RF：工业机器人坐标<br>TF：工具坐标<br>UF：用户坐标 |
| | | UNTIL 语句 | |
| | | ACC=（加速度调整比率） | ACC：20%～100% |
| | | DEC=（减速度调整比率） | DEC：20%～100% |
| | 示例 | IMOVP000V=138PL=1RF | |
| REFP | 功能 | 设定摆动壁点等参照点 | |
| | 添加项目 | （参照点号） | 程序界面中不显示 |
| | | 位置数据、基座轴数据、工装轴数据 | 摆焊壁点1:1、摆焊壁点2:2 |
| | 示例 | REFP1 | |

（续）

| | | | |
|---|---|---|---|
| SPEED | 功能 | 设定再现速度 | |
| | 添加项目 | VJ=（关节速度） | 与 MOVJ 相同 |
| | | V=（再现速度）、VR=（姿态的再现速度）、VE=（外部轴的再现速度） | 与 MOVL 相同 |
| | 示例 | SPEEDVJ=50.00 | |

# 10.2 输入输出指令

输入输出指令见表 10-2。

表 10-2 输入输出指令

| | | | |
|---|---|---|---|
| DOUT | 功能 | 控制外部信号状态（开/关） | |
| | 添加项目 | OT#（输出号）<br>OGH#（输出组号）<br>OG#（输出组）<br>OGH#（x）无奇偶性确认，仅指定二进制 | 1 个点<br>4 个点/组<br>8 个点 |
| | | FINE | 精密 |
| | 示例 | DOUTOT#（12）ON | |
| PULSE | 功能 | 外部输出信号输出脉冲 | |
| | 添加项目 | OT#（输出号）<br>OGH#（输出组号）<br>OG#（输出组） | 1 个点<br>4 个点（1 个组）<br>8 个点 |
| | | T=时间 | 0.01～655.35s，默认为 0.3s |
| | 示例 | PULSEOT#（10）T=0.60 | |
| DIN | 功能 | 把输入信号读入变量中 | |
| | 添加项目 | B（变量号） | |
| | | IN#（输入号）<br>IGH#（输入组号）<br>IG#（输入组号）<br>OT#（通用输出号）<br>OGH#（输出组号）<br>OG#（输出组号）<br>SIN#（专用输入号）<br>SOUT#（专用输出号）<br>IGH#（x）、OGH#（x）无奇偶性确认，仅指定二进制 | 1 个点<br>4 个点（1 个组）<br>8 个点（1 个组）<br>1 个点<br>4 个点（1 个组）<br>8 个点（1 个组） |
| | 示例 | DINB016IN#（16）<br>DINB002IG#（2） | |

（续）

| | | | | |
|---|---|---|---|---|
| **WAIT** | 功能 | 在外部输入信号与指定状态达到一致前，始终处于待机状态 | | |
| | 添加项目 | IN#（输入号）<br>IGH#（输入组号）<br>IG#（输入组号）<br>OT#（通用输出号）<br>OGH#（输出组号）<br>OG#（输出组号）<br>SIN#（专用输入号）<br>SOUT#（专用输出号） | | 1个点<br>4个点（1个组）<br>8个点（1个组）<br>1个点<br>4个点（1个组）<br>8个点（1个组） |
| | | （状态）、B（变量号） | | |
| | | T=时间 | | 0.01～655.35s |
| | 示例 | WAITIN#（12）=ONT=10.00<br>WAITIN#（12）=B002 | | |
| **AOUT** | 功能 | 向通用模拟输出口输出设定电压值 | | |
| | 添加项目 | AO#（输出口号） | | 1～40 |
| | | 输出电压值 | | −14～14 |
| | 示例 | AOUTAO#（2）12.7 | | |
| **ARATION** | 功能 | 启动与速度匹配的模拟输出 | | |
| | 添加项目 | AO#（输出口号） | | 1～40 |
| | | BV=基础电压 | | −14～+14 |
| | | V=基础速度 | | 0.1～150mm/s<br>1～9000cm/min |
| | | OFV=偏移电压 | | −14～+14 |
| | 示例 | ARATIONAO#（1）BV=10.00V=200.0OFV=2.00 | | |
| **ARATIOF** | 功能 | 结束与速度匹配的模拟输出 | | |
| | 添加项目 | AO#（输出口号） | | 1～40 |
| | 示例 | ARATIOFAO#（1） | | |

# 10.3　控制指令

控制指令见表 10-3。

表 10-3　控制指令

| | | | |
|---|---|---|---|
| **JUMP** | 功能 | 向指定标号或程序跳转 | |
| | 添加项目 | *（标号）<br>JOB：程序名称<br>IG#（输入组号）<br>B〈变量号〉<br>I〈变量号〉<br>D〈变量号〉 | |
| | | UF#（用户坐标号） | |
| | | IF 语句 | |
| | 示例 | JUMP JOB：TEST1IFIN#（14）=OFF | |

（续）

| | 功能 | 标记跳转目标位置 | |
|---|---|---|---|
| * | 添加项目 | 跳转目标位置 | 不超过8个字符 |
| | 示例 | *ABC | |
| CALL | 功能 | 调用指定程序 | |
| | 添加项目 | JOB：程序名称<br>IG#（输入组号）<br>B〈变量号〉<br>I〈变量号〉<br>D〈变量号〉 | |
| | | UF#（用户坐标号） | |
| | | IF 语句 | |
| | 示例 | CALLJOB：ABCIFIN#（18）=ON<br>CALLIG#（4） | |
| RET | 功能 | 从被调用程序返回调用程序 | |
| | 添加项目 | IF 语句 | |
| | 示例 | RETIFIN#（19）=OFF | |
| END | 功能 | 程序结束符 | |
| | 添加项目 | 无 | |
| | 示例 | END | |
| NOP | 功能 | 空指令 | |
| | 添加项目 | 无 | |
| | 示例 | NOP | |
| TIMER | 功能 | 延时 | |
| | 添加项目 | T=时间 | 0.01～655.35s |
| | 示例 | TIMERT=0.5 | |
| IF | 功能 | 条件判断指令，添加在其他进行处理的命令之后 | |
| | 添加项目 | — | — |
| | 示例 | JUMP*ABCIFIN#（19）=OFF | |
| UNTIL | 功能 | 在运动中判断输入条件，添加在其他进行处理的命令之后 | |
| | 添加项目 | IN#（输入信号）=〈ON/OFF〉 | |
| | 示例 | MOVLV=450UNTILIN#（20）=ON | |
| PAUSE | 功能 | 暂停 | |
| | 添加项目 | IF 语句 | |
| | 示例 | PAUSEIFIN#（19）=ON | |
| , | 功能 | 注释 | |
| | 添加项目 | 〈注释〉 | |
| | 示例 | ，回到程序原点 | |

（续）

| | | |
|---|---|---|
| CWAIT | 功能 | 等待执行下一行命令。与移动命令、带 NWAIT 标记的命令配对使用 |
| | 添加项目 | 无 |
| | 示例 | MOVLV=450NWAIT<br>DOUTOT#（19）ON<br>CWAIT<br>DOUTOT#（1）OFF<br>MOVLV=100 |
| ADVINIT | 功能 | 对预读命令进行初始化处理。在对变量数据的访问时间进行调整时使用 |
| | 添加项目 | 无 |
| | 示例 | ADVINIT |
| ADVSTOP | 功能 | 停止预读命令。在对变量数据的访问时间进行调整时使用 |
| | 添加项目 | 无 |
| | 示例 | ADVSTOP |

## 10.4　平移指令

平移指令见表 10-4。

表 10-4　平移指令

| | | |
|---|---|---|
| SFTON | 功能 | 程序位置偏移开始 |
| | 添加项目 | P〈变量号〉、BP〈变量号〉、EX〈变量号〉 |
| | | BF、RF、TF、UF#（坐标号） |
| | 示例 | SFTONP002UF#（u1） |
| SFTOFF | 功能 | 与 SFTON 对应，结束偏移 |
| | 添加项目 | 无 |
| | 示例 | SFTOFF |

## 10.5　运算指令

运算指令见表 10-5。

表 10-5　运算指令

| | | | |
|---|---|---|---|
| ADD | 功能 | 将数据 B 与数据 A 相加，并将结果保存在数据 A 里 | |
| | 用法 | ADD〈数据 A〉〈数据 B〉 | |
| | 添加<br>项目 | 数据 A | 变量 |
| | | 数据 B | 常数及变量 |
| | 示例 | ADDP001P002 | |

（续）

| | | | | |
|---|---|---|---|---|
| SUB | 功能 | 将数据 B 与数据 A 相减，并将结果保存在数据 A 里 | | |
| | 用法 | SUB〈数据 A〉〈数据 B〉 | | |
| | 添加项目 | 数据 A | 变量 | |
| | | 数据 B | 常数及变量 | |
| | 示例 | SUBP001P002 | | |
| MUL | 功能 | 数据 B 与数据 A 相乘，并将结果保存在数据 A 里 | | |
| | 用法 | MUL〈数据 A〉〈数据 B〉<br>数据 A 的位置变量可用元素指定。P×××（0）：所有轴数据；P×××（1）：X 轴数据；P×××（2）：Y 轴数据；P×××（3）：Z 轴数据；P×××（4）：Rx 轴数据；P×××（5）：Ry 轴数据；P×××（6）：Rz 轴数据 | | |
| | 添加项目 | 数据 A | 变量 | |
| | | 数据 B | 常数及变量 | |
| | 示例 | MULB001B002<br>MULP001（1）B002（X 轴数据乘以 B002，将结果存于 P001（1）） | | |
| DIV | 功能 | 数据 B 除以数据 A，并将结果保存在数据 A 里 | | |
| | 用法 | DIV〈数据 A〉〈数据 B〉<br>数据 A 的位置变量可用元素指定。P×××（0）：所有轴数据；P×××（1）：X 轴数据；P×××（2）：Y 轴数据；P×××（3）：Z 轴数据；P×××（4）：Rx 轴数据；P×××（5）：Ry 轴数据；P×××（6）：Rz 轴数据 | | |
| | 添加项目 | 数据 A | 变量 | |
| | | 数据 B | 常数及变量 | |
| | 示例 | DIVB001B002<br>DIVP001（1）B002（用 B002 除以 X 轴数据的命令） | | |
| INC | 功能 | 变量自加 1 | | |
| | 添加项目 | 变量（B/I/D） | | |
| | 示例 | INCB001 | | |
| DEC | 功能 | 变量自减 1 | | |
| | 添加项目 | 变量（B/I/D） | | |
| | 示例 | DECB001 | | |
| SET | 功能 | 将数据 B 的值赋给数据 A | | |
| | 用法 | SET〈数据 A〉〈数据 B〉 | | |
| | 添加项目 | 数据 A | 变量 | |
| | | 数据 B | 常数及变量 | |
| | 示例 | SETB001B002 | | |
| SETE | 功能 | 给位置型变量赋值，将数据 B 赋给位置变量 P×××（x） | | |
| | 添加项目 | 数据 A | 位置型变量 | |
| | | 数据 B | 常数及变量 | |
| | 示例 | SETEP001（1）B001 | | |